# HEILPFLANZEN UND KRÄUTER aus dem eigenen Garten

ulmer

Rudi Beiser

# HEILPFLANZEN UND KRÄUTER aus dem eigenen Garten

Biologisch anbauen und optimal verarbeiten

# Inhalt

82

120

# Wie ich zu den Kräutern kam

Mein Interesse für Heilpflanzen und Wildkräuter begann schon vor über 45 Jahren. Bereits als Jugendlicher faszinierte mich die Pflanzenwelt und seither hat mich diese Leidenschaft nicht mehr losgelassen.

Zum professionellen Kräuteranbau führte mich die Unzufriedenheit mit der Qualität der Kräutertees, die in den 1980er Jahren in Naturkostläden angeboten wurden. Aussehen, Farbe, Duft und Geschmack waren nicht viel besser als bei den konventionellen Kräutern. Dass es besser gehen konnte, wusste ich von den eigenen langjährigen Sammelerfahrungen. Es war mir klar, dass nur mit Handarbeit gute Kräuterqualitäten möglich sind. Bei der maschinellen Ernte und Verarbeitung werden die Kräuter geschnitten, gequetscht und zerbröselt, wobei die wertvollen Heil- und Duftstoffe verloren gehen.

Der Schwerpunkt meiner Arbeit mit Heilpflanzen lag darin, Tee sorgfältig mit Hand und Herz herzustellen.

Mit der Vision, hochqualitative Kräutertees voller Farbe und Duft herzustellen und zu vermarkten, gründete ich 1993 die „La Luna Kräutermanufaktur". Der Bio-Anbau war für mich eine unverzichtbare Voraussetzung für die Arbeit mit Heilpflanzen. Denn was heilsam sein sollte, durfte nicht mit Giften in Berührung kommen. Aber hochqualitative Kräutertees sind mehr als nur Bio. Ein optimaler Tee soll einen höchstmöglichen Gehalt an Aromastoffen und Wirkstoffen haben. Farben und Düfte müssen dabei so gut wie möglich erhalten bleiben. Eine entscheidende Rolle spielt der richtige Erntezeitpunkt. Ebenso, wie Erdbeeren erst zu einem ganz bestimmten Zeitpunkt ihr volles Aroma entfalten, enthalten auch Heilpflanzen zu einem bestimmten Zeitpunkt den optimalen Gehalt an Wirkstoffen. Aber nicht nur die optimale Erntezeit entscheidet über die Aroma-Entwicklung der Kräuter; schon beim Düngen und der Pflege kann man auf deren Qualität einwirken. Das Geheimnis eines guten Kräutertees liegt letztendlich auch darin, durch besondere Verarbeitungs- und Trocknungstechniken all die wunderbaren Düfte und Farben der Pflanzen zu konservieren.

Das nötige Wissen für Anbau, Ernte und Verarbeitung von Heilpflanzen möchte ich Ihnen in diesem Buch vermitteln. Hier erfahren Sie, wie man mit einfachen Methoden Heiltees und Gewürze von außergewöhnlicher Qualität produzieren kann. Sie können dabei von meinem Erfahrungsschatz profitieren, den ich 20 Jahre lang bei meiner Arbeit in der „La Luna Kräutermanufaktur" erwerben durfte. Auf den folgenden Seiten finden Sie alle Informationen, die Sie für ein erfolgreiches Gärtnern mit Heilpflanzen und Kräutern benötigen. Es geht aber nicht nur um das Pflanzen, Pflegen und Ernten, sondern auch um das Anwenden. Deshalb gibt es viele Tipps und Rezepte für Ihre Hausapotheke und für die Kräuterküche. Lassen Sie sich in die wunderbare Welt der Heilpflanzen entführen.

Ich wünsche Ihnen viel Freude beim Lesen und beim Gärtnern!

Rudi Beiser

Die meisten Heilpflanzen sind zugleich wunderschöne Blütenpflanzen, die mit ihrem wilden Charme einen Garten verzaubern können.

# HEILKRAFT IN TÖPFEN & BEETEN

Viele Kräuter sind nicht nur gut für Gaumen und Gesundheit, sondern auch ungemein attraktiv und schmücken mit Blüten und Blattwerk Terrassen und Balkone. Eine andere schöne Idee sind Kräuterbeete mit einem „Motto“. Hier geht es um die Heilwirkung der Kräuter, die man gestalterisch fantasievoll umsetzen kann.

# Aroma auf Balkon und Terrasse

Nicht jeder ist glücklicher Besitzer eines Kräutergartens. Dies wäre zwar ein guter Grund, sich Kräuter in Töpfe zu pflanzen, aber sicher nicht der einzige. Denn auch Gartenbesitzer lieben es Balkon, Terrasse oder die Fensterbank in eine grüne Oase zu verwandeln. Was gibt es Schöneres als den Duft von Rosmarin, Lavendel und Zitronenverbene direkt beim Sitzplatz oder unmittelbar neben dem Liegestuhl zu genießen. Das verbreitet ein wunderbares Urlaubsflair. Die würzigen Aromen des Südens können wir auf der Terrasse oder dem Balkon nicht nur schnuppern, wir haben sie auch gleich zur Hand für eine Kanne mit frischem Tee oder für den Salat in der Küche.

## Nichts ist unmöglich in der Aromawelt der Kräuter

Sie können fast alle Kräuter und Heilpflanzen problemlos in Töpfen kultivieren. Ausnahmen sind Gewächse, die einen enormen Wurzelraum beanspruchen. Diese können sich nur in sehr großen Gefäßen optimal entfalten. Dazu gehören Alant, Eibisch, Engelwurz, Enzian, Liebstöckel, Meerrettich und Königskerze. Topfkräuter gedeihen in der Regel zwar nicht so üppig wie ihre Artgenossen im Gartenboden, aber bei richtiger Pflege können sie zu stattlicher Größe heranwachsen.

Im Großen und Ganzen gelten für Kräuter in Pflanzgefäßen die gleichen Standort-

leich zur Hand: Basilikum, Minze, Schnittlauch nd Petersilie sind nur wenige Schritte von der üchentür entfernt.

und Pflegeansprüche wie für Gartenkräuter. Dies wird ab Seite 30 dieses Buches ausführlich beschrieben.

## Mit Töpfen gestalten

Die Gestaltung von Terrasse und Balkon beginnt mit der Wahl der Pflanzgefäße. Sie sind zusätzliche Gestaltungsmittel, da sie mit Material, Form und Farbe das Flair beeinflussen. Neben den klassischen Tontöpfen gibt es eine Vielzahl von Pflanzbehältern und auch mit kreativem Upcycling können Sie Balkon und Terrasse aufwerten. Ihrer Fantasie sind keine Grenzen gesetzt. Rustikale Weidenkörbe können Sie mit Folie auslegen und direkt bepflanzen. Alte Fässer, Holz- oder Steintröge verbreiten ländlichen Charme. Eine ausrangierte Badewanne oder ein alter Waschzuber eignen sich als große Upcycling-Pflanzgefäße. In südlichen Ländern stehen die Kräuter oft in bunt bedruckten Olivenölkanistern vor der Haustür.

Sehr schön sind Terrakotta-Gefäße mit Verzierungen. Sie zaubern ein mediterranes Flair in den Garten. Auch Kunststofftöpfe gibt es inzwischen im Terrakotta-Design. Sie sind auf den ersten Blick kaum als Plastikimitationen erkennbar. Mit Ampeln, Blumenkästen und „Hanging Baskets" kann der Topfgarten nach oben hin ausgeweitet werden. Sie eignen sich vor allem für hängende Arten wie Kapuzinerkresse, Jiaogulan, Gundermann oder spezielle Thymian-Arten. Also experimentieren Sie einfach einmal!

### Der passende Topf

Die dünnwandigen, schwarze Plastiktöpfchen aus dem Gartenhandel sind den Kräutern zu eng, außerdem erhitzen sie sich in

Frostempfindliche Kräuter, wie die Zitronenverbene, müssen ohnehin in Kübeln gehalten werden. Rechts: Kübelpflanzen eignen sich für die Gestaltung von Sitzplätzen und Terrassen. Insbesondere Duftpflanzen setzen beim Berühren wunderbare Aromen frei.

der Sonne sehr stark, wodurch die Wurzeln „gestresst“ werden. Deshalb topfen Sie die Kräuter gleich nach dem Kauf in größere Behälter um. Wählen Sie beim Umtopfen möglichst große Gefäße, damit die Wurzeln sich gut ausbreiten können.

Alle Materialien haben Vor- und Nachteile:

- Tontöpfe sind frostempfindlich, zerbrechlich und schwer. Sie sind durchlässig für Luft und Wasserdampf. Deshalb trocknet die Erde schneller aus, es muss öfter gegossen werden. Allerdings lassen sie kaum Staunässe zu, da überschüssige Feuchtigkeit verdampfen kann. Zudem sind sie sehr standfest und bestehen aus natürlichem Material.
- Terrakottagefäße sind im Gegensatz zu Tongefäßen stärker gebrannt, weshalb sie meist frostfest sind. Allerdings sind sie auch recht schwer, teuer und nicht bruchsicher.
- Kunststoffgefäße sind leicht, preiswert, frostsicher und halten gut die Feuchtigkeit. Bei unsachgemäßem Gießen besteht die Gefahr der Staunässe. Außerdem besitzen sie durch das fehlende Eigengewicht weniger Standfestigkeit. Das ist vor allem bei starkem Wind ein Problem. Dagegen helfen in die Töpfe gelegte Steine. Bei großen Kübeln macht sich das fehlende Gewicht aber positiv bemerkbar, da das Transportieren und Umstellen der Pflanzen sehr viel einfacher werden. Sehr schön sind Terrakotta-Imitationen aus Kunststoff, die meist auch eine stabile Wandung besitzen. Die Tatsache, dass nicht alle Kunststoffgefäße hübsch sind, kann man durch entsprechende Übertöpfe kaschieren.

Zum Aussäen und Anziehen der Kräuterschätze sind Töpfe ebenfalls gut geeignet; auf der Terrasse oder dem Fensterbrett haben Sie sie immer im Blick.

Die Wasserabzugslöcher im Boden sollten Sie mit Tonscherben aus zerbrochenen Blumentöpfen vor dem Zusetzen schützen.

- Holztröge und Körbe verbreiten zwar rustikal-natürliches Flair, sind jedoch nässeempfindlich und verwittern leicht. Wenn Sie mit Folie ausgelegt werden, sollten Sie unbedingt auf gute Abflussmöglichkeiten für das Gießwasser achten.
- Steintröge sind hingegen sehr langlebig, aber extrem schwer. Um sie zu bewegen, sollten Sie eine Sackkarre oder gar einen Gabelstapler im Haus haben.

Wählen Sie für Ihre Kräuter möglichst große Töpfe, damit die Wurzeln viel Platz haben und vor Überhitzung und Austrocknung geschützt sind. Probleme in der Wurzelzone sind die häufigste Ursache für Krankheiten und Schädlinge bei Topfpflanzen. Vor allem Läuse profitieren von „wurzelgestressten" Pflanzen. Kleinen Kräutern, wie Thymian, genügt ein Wurzelraum von 20 cm. Größere Stauden, wie Zitronenmelisse oder Schafgarbe, sollten mindestens 40 cm Wurzeltiefe zur Verfügung haben. Große, bis 2 m hohe Pflanzen benötigen Gefäße, die mindestens 50 cm hoch sind und einen ebenso großen Durchmesser haben. Bei größeren Töpfen müssen Sie in der Sommerhitze auch weniger gießen.

Ganz wichtig ist, dass der Topf eine gute Wasserabzugsmöglichkeit besitzt. Notfalls müssen Sie selbst zusätzliche Löcher in den Topfboden bohren. Staunässe ist für Kräuter tödlich, denn die Wurzeln beginnen zu faulen. Deshalb legen Sie auf den Boden des Gefäßes eine 3–4 cm hohe Drainageschicht aus Tonscherben, Kies oder Blähton, damit überschüssiges Wasser abfließen kann. Auf die Drainageschicht wird ein Gartenvlies gelegt und dann die Erde eingefüllt.

## Das richtige Substrat

Der Gartenbesitzer kann das Pech haben, dass seine Böden schwer und tonhaltig sind. Mit solchen Problemen muss sich der Topfgärtner nicht herumschlagen. Er wählt für seine Kräuter genau das Substrat, das sie benötigen. Substrate sind fertig gemischte Erden, die durch Beigabe von Zuschlagstoffen auf die verschiedenen Ansprüche zugeschnitten sind. Spezialerden für Kräuter haben im Vergleich zu anderen Substraten eine geringere Aufdüngung und mehr mineralische Komponenten. Achten Sie bei Ihrer Spezialerde für Kräuter darauf, dass mit organischen Zusätzen gedüngt wurde. Es ist aus ökologischen Gründen sinnvoll, Substrate ohne Torf auszuwählen. Meist enthalten sie Rindenhumus, Grünkompost und Holzfasern als Torfersatz. Sie können sich aber auch selbst ein Substrat zusammenstellen: Je ein Drittel Sand, Gartenerde sowie Kompost oder Rindenhumus ergeben eine kräuterfreundliche Mischung. Bei der Substratauswahl müssen Sie die Ansprüche der Kräuter an Nährstoffe und pH-Wert berücksichtigen. Verwenden Sie dazu die Übersichten der Seiten 34 und 44/45. Nährstoffbedürftige Kräuter bekommen noch etwas mehr Dünger (z. B. Wurmkompost) mit in den Topf, Kräuter der mageren Standorte bekommen etwas mehr Sand.

b auf der Terrasse oder mitten im
arten: Nicht nur an die Kräuter-
flege denken, sondern einfach nur
al schnuppern und genießen.

Den pH-Wert der Substrate können Sie mit Kalk alkalisch und mit Rindenhumus sauer werden lassen. Auf den käuflichen Spezialerden ist der pH-Wert immer angegeben.

### Der optimale Standort

Der Standort der Töpfe wird ebenfalls nach den Vorlieben der Kräuter ausgesucht: Manche mögen warme, sonnige Plätze, andere fühlen sich im Halbschatten wohler. In den Zusammenstellungen auf Seite 31 und 32 finden Sie Anhaltspunkte für die Lichtbedürfnisse.

Falls Sie mehrere Kräuter in einem Gefäß zusammensetzen, dann sollten Sie diese so auswählen, dass sie hinsichtlich Licht-, Wasser- und Nährstoffversorgung gleiche Ansprüche haben. Zwar müssen Kräuter in Gefäßen zwangsläufig etwas enger zusammenstehen als im Garten, aber trotzdem sollte ein gewisser Pflanzabstand eingehalten werden. Große Pflanzen sollten in Töpfen mit weniger als 40 cm Durchmesser unbedingt allein stehen.

### Regelmäßig düngen

Im Gegensatz zum Garten benötigen Kräuter in Töpfen mehr Nährstoffe, denn die Wurzeln sitzen in einem begrenzten Raum und können keine neuen Nährstoffquellen erschließen. Fertige Substrate sind meist mit Langzeitdünger versorgt, bei selbstgemischter Erde fügt man einen organischen Dünger zu. In der ersten Zeit nach der Pflanzung ist keine zusätzliche Düngung nötig. Nach sechs bis acht Wochen geben Sie einmal im Monat einen flüssigen Biodünger ins Gießwasser, allerdings nur in der Wachstumsphase von März bis September. Flüssigdünger können Sie auch selbst herstellen, etwa in Form von Kompostwasser (Komposttee) oder Brennnesseljauche (siehe Seite 76). Für die Herstellung von Kompostwasser geben Sie 1 Liter Kompost in einen Eimer und übergießen ihn mit 5 Litern Wasser. Gut durchmischen, vier bis fünf Stunden ziehen lassen, abfiltern und fertig. Alle zwei bis drei Jahre werden die Kräuter im Frühjahr in etwas größere Gefäße umgetopft und mit neuer Erde versorgt. Der neue Topf sollte mindestens 5 cm mehr Durchmesser besitzen als sein Vorgänger. Beim Umtopfen sollten Sie den Wurzelballen etwas lockern und das Wurzelgeflecht am Rand leicht aufreißen.

Während frostempfindliche Arten ins kühle Treppenhaus umziehen, können frostharte Arten in Töpfen mit geeignetem Winterschutz auch draußen bleiben.

## PERFEKT FÜR DEN TOPF: ZITRONENGRAS

Zitronengras (*Cymbopogon citratus*) ist eine mehrjährige, nicht winterharte Pflanze aus Ostasien. Es ist ein wichtiger Bestandteil der thailändischen Küche. Zitronengras ergibt frisch oder getrocknet einen leckeren, nach Zitrone duftenden Tee, der verdauungsfördernd und krampflösend wirkt. Geerntet werden die Halme ganzjährig, wobei sich in den warmen Sommermonaten die meisten Duftstoffe entwickeln. Für die Küche werden nur die Blattbasen verwendet. Bei guter Pflege kann Zitronengras 1,20 m hoch wachsen.
Die Pflanze wird in Töpfen gezogen und sollte einen sonnigen Standort bekommen. Sie benötigt nährstoffreiche, durchlässige Erde, ist aber sehr empfindlich gegen Staunässe. Bei längeren Regenperioden muss sie deshalb unter das Dach. Vermehrt wird durch Teilung des Wurzelstockes. Im Winter kommt das frostempfindliche Gras ins Haus, wo es an einem kühlen, hellen Platz (10 °C) auf den Frühling wartet.

Ähnliche Eigenschaften besitzt das Zitronellagras (*Cymbopogon nardus*), das sich ebenfalls sehr gut in Töpfen ziehen lässt. Der Geschmack ist etwas schärfer und es besitzt eine leicht süßliche Note.

### Wasser zum Gedeihen

Das „Exil" in Töpfen verlangt den Kräutern sehr viel ab. Den Wurzeln steht nur relativ wenig Erde zur Verfügung. Außerdem ist die Wurzelzone extremen Temperatur- und Feuchtigkeitsschwankungen ausgesetzt. Frisch gegossen stehen sie zunächst einmal ziemlich nass. In der Mittagssonne trocknet die Erde sehr schnell aus und der Topf erwärmt sich. Besonders Tontöpfe verdunsten sehr viel Wasser über die Außenwandung. Der Wurzelballen darf auf keinen Fall austrocknen. Deshalb müssen Sie die Feuchtigkeit täglich kontrollieren und früh morgens oder abends mit abgestandenem Wasser gießen. Während der Mittagshitze sollten Sie eher nicht gießen.

Beim Gießen ist auch der Kalkgehalt des Leitungswassers zu beachten, denn es gibt einige kalkmeidende Kräuter. Regenwasser ist hierbei eine gute Alternative zum Leitungswasser. Wer Bequemlichkeit und Unabhängigkeit liebt, kann sich über Blumenkästen mit Wasserreservoir oder automatische Bewässerungssysteme informieren. Solche Systeme sind vor allem als „Urlaubsbewässerung" hilfreich.

Topfpflanzen sprechen sehr gut auf Mulch (z. B. Rasenschnitt) an. Die Wurzeln werden dadurch vor Überhitzung geschützt und die Verdunstung wird nach oben hin eingeschränkt.

### Schädlinge biologisch abwehren

Topfpflanzen sind aufgrund des „extremen" Standortes etwas anfälliger gegenüber Schädlingen und Krankheiten. Vor allem Läuse, Spinnmilben und Weiße Fliegen können zur Gefahr werden. Auf Balkon und Terrasse können wir nicht unbedingt erwarten, dass sich wie in der freien Natur das biologische Gleichgewicht einstellt und genügend Nützlinge vorhanden sind. Für Heilpflanzen und Würzkräuter kommt selbstverständlich nur biologischer Pflanzenschutz in Frage. Nutzen Sie zur Bekämpfung die Hinweise auf Seite 67 ff.

## Warme Decken im Winter

Während frostempfindliche Arten im Winter ins Haus umziehen, können frostharte Arten draußen bleiben. Vor allem die heimischen Arten vertragen Frost und kommen gut zurecht. Die Kräutertöpfe werden an einer geschützten Stelle zusammengerückt. Ziemlich unempfindlich sind die einziehenden Kräuter, die im Wurzelstock überwintern, also Stauden. Dazu gehören beispielsweise Zitronenmelisse, Dost und Johanniskraut. Bei teilweise verholzenden, immergrünen Kräutern, etwa Salbei oder Lavendel, muss man die Erde vor dem Durchfrieren schützen, damit sie nicht vertrocknen. Deshalb müssen Töpfe und Kübel gedämmt werden. Man kann sie auf isolierende Unterlagen stellen, in Jutegewebe packen oder mit Kokosmatten oder alten Decken umhüllen. Sie können sie auch in Säcke oder eine Kiste stellen, die Sie mit Stroh, Laub, Holzspänen oder -wolle auspolstern. Immergrüne Kräuter können zusätzlich mit einem Vlies bedeckt werden. Achten Sie beim Frostschutz auch auf die Frostfestigkeit der Gefäße; vor allem offenporige Tongefäße können reißen. An frostfreien Tagen werden die Kräuter etwas gegossen. Allerdings benötigen sie in der Winterruhe nicht besonders viel Wasser.

## Empfindliche gehören ins Haus

Ideal zur Überwinterung der Frostempfindlichen ist der kühle Wintergarten, das ungeheizte Treppenhaus oder ein Gewächshaus, das sich bei Bedarf frostfrei halten lässt. Manche Gärtnereien bieten auch einen Überwinterungsservice für Kübelpflanzen an.

Der Wasserbedarf im Winterquartier ist relativ gering. Aber je wärmer der Standort, desto häufiger müssen Sie gießen. Ideale Temperaturen liegen zwischen 5 und 10 °C. Je wärmer der Überwinterungsstandort, desto heller muss er auch sein. Lediglich laubabwerfende Kräuter können im Dunkeln in Keller oder Garage überwintern.

Einige Kräuter mögen es im Winterquartier etwas wärmer, weshalb sie auch ganzjährig als Zimmerpflanzen gehalten werden können. Dazu gehören Aloe, Aztekisches Süßkraut, Basilikum, Kardamom, Kurkuma, Patchouli und Zitronellagras.

Wenn die Pflanzen im Frühling wieder nach draußen kommen, dürfen sie zunächst nicht direkt in die Sonne gestellt werden. Sie laufen Gefahr, einen kräftigen Sonnenbrand zu bekommen und möglicherweise alle Blätter zu verlieren. Deshalb werden sie einige Tage im Schatten akklimatisiert, um sich an die UV-Strahlung zu gewöhnen. Dort bilden sie innerhalb weniger Tage genügend Schutzstoffe aus.

Frostempfindliche Kräuter, etwa Zitronengras, Lorbeer oder der hier gezeigte Ananas-Salbei, werden im Haus an einem kühlen, hellen Platz überwintert.

# Heilende Gärten anlegen

Für die Neuanlage eines Heilkräutergartens müssen Sie sich zunächst über Größe, Stil und Form Gedanken machen. Nehmen Sie sich ruhig Zeit zum „Herumspinnen“. Denken Sie aber immer daran, wie viel Platz Sie zur Verfügung haben.

Für die Planung, Gestaltung und Bepflanzung gibt es viele Konzepte und Ideen. Die Anlage des Gartens kann beispielsweise ein bestimmtes Thema verfolgen, das dann durch entsprechende Gestaltung umgesetzt wird: Klostergarten, Apothekergarten, Hexengarten, Duftgarten, Gewürzgarten, Blütengarten oder Bauerngarten. Eine andere Möglichkeit ist die Orientierung an bestimmten Formen und Entwürfen. Dazu gehören z. B. runde Beete (Kräuterrondell, Kräuterrad) oder die beliebte Kräuterspirale. Kräutermauern und Steingärten verbreiten mediterranes Flair und Urlaubsstimmung.

## Wirkungsvolle Kräuterbeete

Eine schöne Idee für die Bepflanzung ist die Einteilung der einzelnen Beete nach Themen. Für einen Heilkräutergarten liegt es nahe, sich an der medizinischen Wirkung der Kräuter zu orientieren. So könnten die

Links: Hier sieht man eine Abwandlung der klassischen Beeteinteilung mit einem Wegekreuz. Ein weiteres Element, das wir aus Klostergärten kennen, sind Einfassungen mit Buchs.

Rechts: Bestimmte Pflanzen und Elemente zaubern sofort Bauerngartencharme in Ihren Garten. Hier ist es ein Weidenobelisk mit Kapuzinerkresse, Borretsch, Ringelblumen und Petersilie.

Beete beispielsweise unter den Stichworten „Husten“ oder „Nerven“ bepflanzt werden. Konkrete Pflanzvorschläge finden Sie ab Seite 22.

Nachfolgend gibt es einige Anregungen dazu, wobei nur Heilpflanzen berücksichtigt werden, die problemlos in unseren Gärten gedeihen.

- **Husten:** Anis, Dost (Oregano), Eibisch, Fenchel, Huflattich, Klatschmohn, Königskerze, Lungenkraut, Malve, Quendel, Schlüsselblume, Spitzwegerich, Thymian, Veilchen, Ysop.
- **Harnwege:** Acker-Schachtelhalm, Alant, Bärentraube, Brennnessel, Brunnenkresse, Cranberry, Goldrute, Heidekraut, Kapuzinerkresse, Liebstöckel, Löwenzahn, Meerrettich, Petersilie, Preiselbeere.
- **Menstruation:** Beifuß, Engelwurz, Fenchel, Frauenmantel, Gänse-Fingerkraut, Kamille, Schafgarbe, Taubnessel, Zitronenmelisse.
- **Nerven:** Baldrian, Hopfen, Johanniskraut, Kalifornischer Mohn, Kamille, Lavendel, Zitronenmelisse, Zitronenverbene.

- **Magen und Darm:** Andorn, Anis, Basilikum, Beifuß, Engelwurz, Enzian, Fenchel, Kamille, Kümmel, Lavendel, Pfefferminze, Ringelblume, Schafgarbe, Tausendgüldenkraut, Wermut, Zitronenmelisse.
- **Haut und Wunden:** Blutwurz, Johanniskraut, Kamille, Lavendel, Nachtkerze, Ringelblume, Spitzwegerich, Stiefmütterchen.

Die Bepflanzung geschieht in bunter Reihenkultur, so dass sich auf einem Beet mehrere Pflanzen zusammenfinden. Sollte Ihnen die Reihenkultur zu akkurat vorkommen, können Sie die Beete natürlich auch „wild“ bepflanzen. Achten Sie dann darauf, dass von den kleineren Pflanzen immer mehrere inselartig zusammenstehen. Kräuter, die sich für die Direktsaat eignen, werden dazu horstartig ausgesät und bei zu dichtem Stand ausgedünnt. Hochwachsende Kräuter, etwa Engelwurz oder Liebstöckel, rücken als Kulisse dahinter, damit die kleineren Kräuter besser zur Geltung kommen.

Vergessen Sie nicht, dass neben der direkten medizinischen Wirkung der Pflanzen auch Wirkungen auf einer anderen Ebene möglich sind. So können beispielsweise Blütenfarben Empfindungen auslösen und die Psyche beeinflussen. Sie können also eine fröhlich stimmende gelbe Sonnenblume ins Themenbeet gegen nervöse Beschwerden pflanzen, auch wenn die medizinische Wirkung damit nicht direkt unterstützt wird. Ausführliche Informationen zu den Farbwirkungen finden Sie auf Seite 101.

## Zusammen wächst, was zusammen gehört

Bei der Pflanzenauswahl sollten Sie darauf achten, dass nur Kräuter zusammengepflanzt werden, die auch zueinander passen. Neben der Heilwirkung sollten sie die gleichen Ansprüche bezüglich Bodenfeuchtigkeit, Sonneneinstrahlung, Düngung und pH-Wert haben. Wenn Sie sich beispielsweise für ein Beet mit dem Thema „Harnwegserkrankungen“ die Bärentraube ausge-

Da für jedes Wehwehchen eine Vielzahl von wunderschön blühenden Heilkräutern zur Verfügung steht, haben Sie die Möglichkeit zur Gestaltung farbenfroher Beete.

töbern Sie in Gartenzeitschriften, Gartenbüchern und lassen Sie sich eim Besuch schön angelegter Kräutergärten inspirieren. So finden Sie hre Traumgestaltung.

sucht haben, dann muss sie mit Pflanzen kombiniert werden, die ebenfalls einen sauren Boden (pH-Wert 5,5-6) benötigen: Cranberry, Heidekraut oder Preiselbeere. Alle drei sind wie die Bärentraube durch ihre antibakterielle Wirkung wirksam bei Harnwegsinfektionen.

Nachfolgend werden drei Beetbepflanzungen nach medizinischen Themen vorgestellt.

Auch Gartenwege bieten Gestaltungsspielraum: Kies und Naturstein passen gut in mediterrane Gärten.

## Kräuterbeet gegen Husten

In diesem Beet stehen fünf verschiedene Kräuter, die in ihrer Kombination sowohl auswurffördernd als auch reizlindernd wirken. Sie können daraus eine vorzügliche Hustentee-Mischung herstellen. Die Teemischung kann durch die Zugabe von Lindenblüten noch verbessert werden. Das ausführliche Rezept finden Sie auf Seite 103. Königskerze, Thymian und Dost sind kalkliebend (pH-Wert 6,5-7) und bevorzugen sonnige, trockene, nährstoffarme Standorte. Sie bekommen in das Pflanzloch etwas Algenkalk, aber keinen Dünger. Spitzwegerich und Malve lieben etwas nährstoffreichere Standorte und werden deshalb mit Kompost versorgt. Diese beiden sollten auch regelmäßig gegossen werden, denn sie gedeihen am besten bei gleichmäßiger Feuchtigkeitsversorgung.

Mit Dost, Thymian und Malve haben wir drei Mischkulturpflanzen im Beet, die auf ihre Nachbarn wachstumsfördernd und ertragssteigernd wirken. Außerdem ergänzen sich die Tiefwurzler Malve und Königskerze sehr gut mit den flachwurzelnden Partnern. Malve und Königskerze müssen im Folgejahr wieder neu gepflanzt werden. Im Sinne des Fruchtwechsels tauschen sie dann ihre Plätze. Dost, Spitzwegerich und Thymian können drei bis vier Jahre am selben Standort bleiben.

## KRÄUTERBEET GEGEN HUSTEN

Der **Spitzwegerich** (*Plantago lanceolata*) ist eine der besten Hustenpflanzen. Er wirkt hustenreizlindernd und entzündungshemmend. Außerdem besitzt er antibakterielle Wirkstoffe. Die Blätter werden vorsichtig ohne Druck geerntet, damit sie sich beim Trocknen nicht schwarz verfärben. Ausführliche Hinweise finden Sie auf Seite 143.

Die **Königskerze** (*Verbascum densiflorum*) enthält in ihren Blüten sowohl reizlindernde als auch hustenlösende Wirkstoffe. Die imposante Pflanze blüht erst im zweiten Jahr. Damit sie zusammen mit den anderen Pflanzen des Beetes geerntet werden kann, muss sie schon im Vorjahr herangezogen werden. Ausführliche Hinweise finden Sie auf Seite 133.

**Dost** oder **Oregano** (*Origanum vulgare*) ergibt einen wohlschmeckenden Hustentee mit krampflösenden Eigenschaften. Während der Blüte im Sommer lockt er viele Schmetterlinge in den Garten. Das ist auch die optimale Erntezeit. Ausführliche Hinweise finden Sie auf Seite 126.

Die **Malve** (*Malva sylvestris*) enthält in ihren Blüten und Blättern Wirkstoffe mit reizlindernden Eigenschaften. Nutzen Sie die dunkelblütige Mauretanische Malve (*M. sylvestris* subsp. *mauretanica*). Die heilsamen Blüten zaubern im Teeaufguss ein wunderschönes Farbenspiel. Ausführliche Hinweise finden Sie auf Seite 136.

**Thymian** (*Thymus vulgaris*) enthält hustenlösende und antibakterielle Stoffe. Er zählt zu den wirkungsstärksten Hustenpflanzen. Die meisten Heilstoffe bilden sich zu Blühbeginn, weshalb genau dann geerntet wird. An nährstoffarmen, sonnigen Standorten entwickelt es besonders viele Wirkstoffe. Ausführliche Hinweise finden Sie auf Seite 144.

## Kräuterbeet für die Abwehrkräfte

Bei diesem Pflanzvorschlag stehen fünf Kräuter beisammen, die in ihrer Kombination die Immunabwehr unterstützen und eine antibiotische Wirkung besitzen. Da sie vor allem im frischen Zustand sehr wirksam sind, werden sie nicht getrocknet. Sie können daraus eine Frischpflanzen-Tinktur für die Hausapotheke herstellen. Diese Tinktur stärkt die natürlichen Abwehrkräfte und mildert akute Infekte. Das ausführliche Rezept finden Sie auf Seite 103.

Thymian und Knoblauch mögen sonnige, eher trockene Standorte. Auch bezüglich der Düngung haben sie keine hohen Ansprüche. Wasserdost, Purpur-Sonnenhut (auch bekannt unter dem Namen Roter Schein-Sonnenhut oder Echinacea) und Kapuzinerkresse benötigen eine gute Feuchtigkeitsversorgung, weshalb sie regelmäßig gegossen werden. Die nährstoffbedürftigen Pflanzen Purpur-Sonnenhut und Wasserdost bekommen außerdem eine Portion Kompost ins Pflanzloch. Die Knoblauchzehen werden einfach innerhalb der Reihen zwischen die anderen Kräuter gesteckt. Dadurch werden diese vor Pilzkrankheiten geschützt. Purpur-Sonnenhut, Thymian und Wasserdost sind mehrjährig und winterfest. Sie bleiben drei bis vier Jahre am Standort. Kapuzinerkresse und Knoblauch müssen jährlich neu gepflanzt werden.

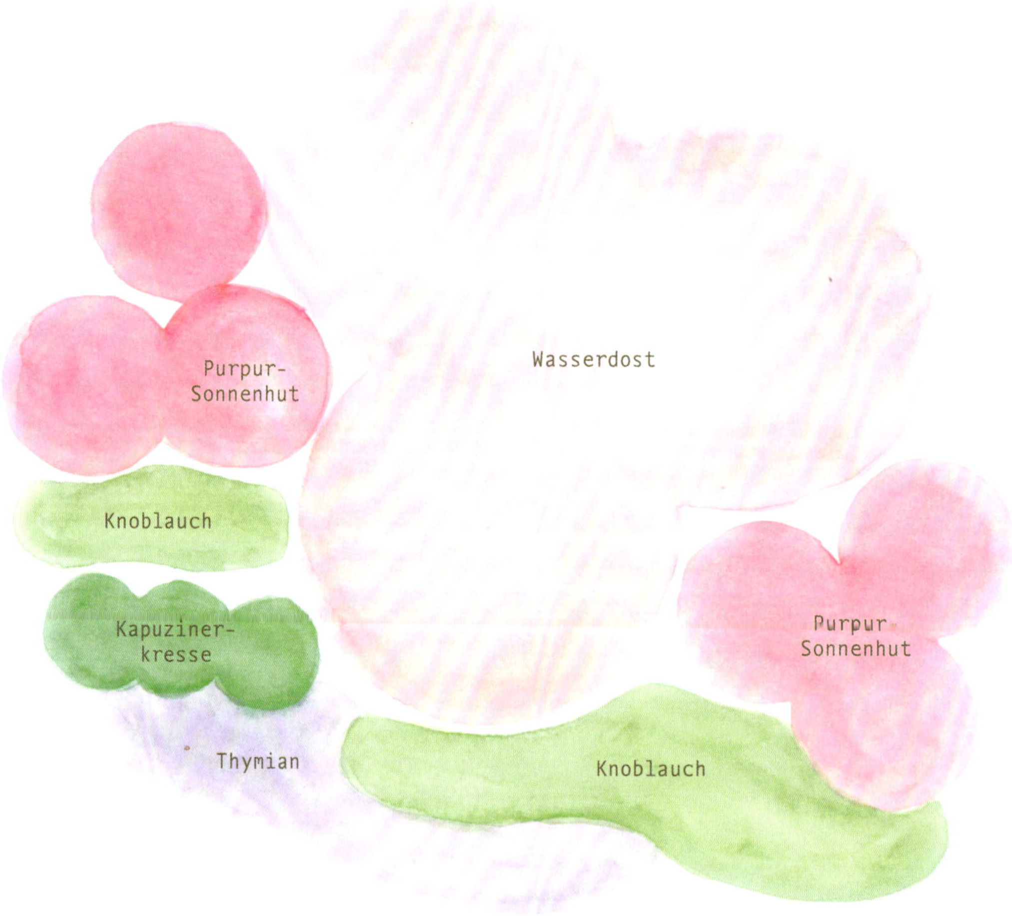

## KRÄUTERBEET FÜR DIE ABWEHRKRÄFTE

Purpur-Sonnenhut (*Echinacea purpurea*) steigert die körpereigenen Abwehrkräfte. Als ob er uns dies anzeigen wollte, besitzt er einen wehrhaften Igelkopf. Geerntet wird das blühende Kraut im Sommer, wenn der Hauptblütenstand voll erblüht ist. Ausführliche Hinweise finden Sie auf Seite 142.

Thymian (*Thymus vulgaris*) unterstützt bei Erkältungskrankheiten die Abwehrkräfte durch seine antibiotischen Wirkstoffe. Er ist die ideale Teepflanze bei Erkältungskrankheiten – besonders dann, wenn sie von einem hartnäckigen Husten begleitet sind. Ausführliche Hinweise finden Sie auf Seite 144.

Wasserdost wird wegen seiner immunstimulierenden Wirkung gerne als heimischer Sonnenhut bezeichnet. Wir nutzen allerdings nicht die heimische Art (*Eupatorium cannabium*), die aufgrund der enthaltenen Pyrrolizidinalkaloide leberschädigend wirken kann. Wir pflanzen den unbedenklichen nordamerikanischen Durchwachsenen Wasserdost (*Eupatorium perfoliatum*). Geerntet wird das blühende Kraut.

Kapuzinerkresse (*Tropaeolum majus*) verzaubert durch ihre exotisch anmutenden Blüten. Da sie frostempfindlich ist, wird sie erst ab Mai ausgesät oder im Warmen vorgezogen. Die Samen des Dunkelkeimers werden 2 cm tief in die Erde gelegt. Wegen ihrer antibiotischen Wirkung wird sie bei grippalen Infekten sehr geschätzt. Ausführliche Hinweise finden Sie auf Seite 132.

Knoblauch (*Allium sativum*) ist nicht nur ein unentbehrliches Küchengewürz. Er besitzt auch entzündungs- und keimhemmende Eigenschaften. Er wirkt gegen Bakterien, Viren und Pilze. Ausführliche Hinweise finden Sie auf Seite 63.

## Das Beet für die Frau

Ins Frauenbeet pflanzen wir vier Kräuter, die hormonregulierend, menstruationsregulierend und krampflösend wirken. Deshalb eignet sich ein Tee daraus vorzüglich bei schmerzhafter Regelblutung. Die Teemischung kann durch die Zugabe von Rosenblüten noch abgerundet werden. Das ausführliche Rezept des Frauen-Wohlfühltees finden Sie auf Seite 103.

Die ausgewählten Frauenkräuter fühlen sich in normaler Gartenerde mit einem pH-Wert zwischen 6 und 7 wohl. Zitronenmelisse und Frauenmantel stehen zusammen, da beide humusreichen, feuchten Boden mögen. Sie bekommen eine ordentliche Kompostgabe ins Pflanzloch und werden regelmäßig gegossen. Schafgarbe und Kamille müssen nicht gedüngt werden, sie bevorzugen nährstoffarme und weniger feuchte Standorte. Falls Sie die Pflanzen selbst heranziehen, sollten Sie beachten, dass Zitronenmelisse, Kamille und Schafgarbe Lichtkeimer sind. Kamille und Schafgarbe sind vorzügliche Mischkulturpflanzen; sie begünstigen Gesundheit und Wachstum ihrer Partner und fördern das Bodenleben. Die mehrjährigen Pflanzen verbleiben drei bis vier Jahre im Beet, während die einjährige Kamille neu gesät werden muss. Im Rahmen des Fruchtwechsels kann auf dieses Beet auch das krampflösende Gänse-Fingerkraut gepflanzt werden.

## KRÄUTERBEET FÜR DIE FRAU

Die mehrjährige Schafgarbe (*Achillea millefolium*) ist eine geschätzte Heilpflanze. Sie wird wegen ihrer krampflösenden und menstruationsregulierenden Wirkung ins Frauenbeet gesetzt. Schafgarbe besitzt langlebige Blüten und eignet sich deshalb sehr gut für Kräutersträuße. Im Gartenbeet freut sie sich über eine kleine Kalkgabe mit Algenkalk. Ausführliche Hinweise finden Sie auf Seite 141.

Die einjährige Kamille (*Matricaria recutita*) ist eine der bekanntesten Heilpflanzen. Aufgrund ihrer krampflösenden und beruhigenden Wirkung gehört sie unbedingt in den Frauen-Wohlfühltee. Im Gartenbeet fördert sie die Gesundheit ihrer Nachbarpflanzen. Dies war schon in der Antike bekannt, wo man sie „Arzt der Pflanzen" nannte. Ausführliche Hinweise finden Sie auf Seite 131.

Der mehrjährige Frauenmantel (*Alchemilla xanthochlora*) wird wie keine andere Heilpflanze mit weiblicher Gesundheit in Verbindung gebracht. Wegen seiner regulierenden Wirkung hat er sich bei Menstruations- und Wechseljahrbeschwerden bewährt. Mit Mulch verhindern Sie, dass die bodennahen Blätter verschmutzen. Ausführliche Hinweise finden Sie auf Seite 128.

Die mehrjährige Zitronenmelisse (*Melissa officinalis*) kommt ursprünglich aus dem Mittelmeerraum. Sie entspannt, beruhigt, entkrampft und stärkt die Nerven. Der Tee ist nicht nur heilsam, sondern auch sehr schmackhaft. Ernten Sie unbedingt vor der Blüte, denn danach verliert sie ihr zitroniges Aroma. Der Neuaustrieb kann ein zweites Mal geerntet werden. Ausführliche Hinweise finden Sie auf Seite 146.

# KOST & LOGIS FÜR KRÄUTER

Wenn Sie sich Heilpflanzen in den Garten holen, dann wollen Sie natürlich, dass sie sich gesund entwickeln und möglichst viele heilsame Wirkstoffe produzieren. Dort, wo sich die Kräuter wohlfühlen, entfalten sie ihren vollen Duft und ihr typisches Aroma. Beginnen Sie deshalb mit der richtigen Standortwahl.

# Ein Wohlfühlplatz für Kräuter

Die Ansprüche der Kräuter an Boden, Bodenfeuchtigkeit und Licht sind teilweise sehr unterschiedlich. Ein guter Anhaltspunkt, um die Standortbedürfnisse der zukünftigen Gartenbewohner kennen zu lernen, ist der natürliche Lebensraum der Kräuter. Wo wächst das Kraut im Wildvorkommen? Ist der Platz sonnig oder schattig, feucht oder trocken, nährstoffreich oder mager, sauer oder alkalisch?

Sonnenanbeter erkennt man gut an den meist kleinen und derben Blättern, die nur wenig Wasser verdunsten.

## Sonnenkinder

Ein wichtiges Standortkriterium bei Kräutern ist die Lichteinstrahlung. Viele Gartenkräuter stammen ursprünglich aus dem sonnigen Süden und gedeihen am besten auf Flächen mit viel Wärme und starker Lichtintensität. Ideale Standorte für die sonnenhungrigen Kräuter sind deshalb Kräutermauern, Kräuterspiralen und Steingärten in bester Südlage. Am besten eignen sich unbeschattete Standorte, die bis zu acht Stunden pro Tag von der Sonne beschienen werden. Hier fühlen sich die Sonnenanbeter wohl und bedanken sich mit gesundem Wachstum und duftendem Erntegut. An schattigen Plätzen würden sie

teine zwischen den Kräutern sehen nicht nur schön aus, ie haben auch den Vorteil, dass sie tagsüber die Sonnenärme speichern und nachts langsam wieder abgeben.

kränkeln und wenig Aroma entwickeln. Sonnenanbeter bevorzugen meist auch trockene, durchlässige Böden. Staunässe vertragen sie gar nicht.

## Niemand mag im Schatten stehen

Es gibt jedoch einige Arten, die an schattigeren Plätzen besser gedeihen. In der prallen Sonne würden ihre zarten Blätter zu viel Wasser verdunsten. Echte Schattenpflanzen gibt es allerdings nicht. Keine Pflanze kann ohne Licht leben. Pflanzen sind „Lichtesser". Auch die so genannten Schattenpflanzen benötigen das Sonnenlicht für die Fotosynthese. Hierbei produziert die Pflanze mit Hilfe der Sonne aus Wasser und Kohlendioxid Stoffe, die dann teilweise in die von uns genutzten Heilstoffe umwandelt werden. Deshalb können im Schatten stehende Pflanzen keine optimale Wirkstoffentwicklung haben.

Für die sogenannten Schattenpflanzen ist eigentlich der Halbschatten ein idealer Standort. Ein halbschattiges Beet ist im

### KRÄUTER FÜR SONNIGE STANDORTE UND EHER TROCKENEN, DURCHLÄSSIGEN BODEN:

Beifuß (*Artemisia vulgaris*)
Bohnenkraut (*Satureja hortensis*, S. 125)
Dost / Oregano (*Origanum vulgare*, S. 126)
Eberraute (*Artemisia abrotanum*)
Johanniskraut (*Hypericum perforatum*, S. 130)
Kamille (*Matricaria recutita*, S. 131)
Königskerze (*Verbascum densiflorum*, S. 133)
Lavendel (*Lavandula angustifolia*, S.135)
Majoran (*Origanum majorana*)
Quendel (*Thymus pulegioides*, S. 144)
Rosmarin (*Salvia rosmarinus*, S. 139)
Salbei (*Salvia officinalis*, S. 140)
Schafgarbe (*Achillea millefolium*, S. 141)
Thymian (*Thymus vulgaris*, S. 144)
Wermut (*Artemisia absinthium*, S. 145)
Ysop (*Hyssopus officinalis*)

### KRÄUTER FÜR SONNIGE STANDORTE UND ETWAS FEUCHTEREN, DURCHLÄSSIGEN BODEN:

Anis-Ysop (*Agastache foeniculum*, S. 122)
Basilikum (*Ocimum basilicum*, S. 124)
Indianernessel (*Monarda didyma*, S. 129)
Malve (*Malva sylvestris*, S. 136)
Ringelblume (*Calendula officinalis*, S. 138)
Zitronenmelisse (*Melissa officinalis*, S. 146)

Pflanzen aus dem Mittelmeerraum, wie der Rosmarin, erkennen Sie häufig an ihrer gedrungenen Wuchsform und den kleinen, derben Blättern.

Baldrian verbreitet einen wild-romantischen Charme in Ihrem Garten. Säen Sie ihn an halbschattigen, feuchten Standorten aus.

Sommer einen Teil des Tages, etwa vier bis fünf Stunden, besonnt und liegt die restliche Zeit im Schatten. Oder es hat den ganzen Tag diffuses Licht, das beispielsweise durch die Kronen von Bäumen fällt. Nachmittagssonne wird wegen der stärkeren UV-Strahlung nicht so gut vertragen wie Morgensonne. Insofern ähneln die Halbschattenkräuter uns Menschen, da wir die Sonnenstrahlung unter einem Sonnenschirm auch besser verkraften. Und wie auch wir beim Sonnenbad einen kühlen Drink nicht missen wollen, benötigt die Halbschattenpflanze eine gute Feuchtigkeitsversorgung im Wurzelbereich. Je sonniger sie stehen, desto häufiger müssen sie gegossen werden.

Halbschattenpflanzen fühlen sich auch in der Sonne wohl, aber nur bei genügend Feuchtigkeit.

## KRÄUTER FÜR HALBSCHATTIGE STANDORTE UND EHER FEUCHTEN, MITTELSCHWEREN BODEN:

Baldrian (*Valeriana officinalis*, S. 49)
Bärentraube (*Arctostaphylos uva-ursi*)
Bärlauch (*Allium ursinum*, S. 123)
Beinwell (*Symphytum officinale*)
Engelwurz (*Angelica archangelica*)
Frauenmantel (*Alchemilla xanthochlora*, S. 128)
Heidelbeere (*Vaccinium myrtillus*)
Huflattich (*Tussilago farfara*)
Kerbel (*Anthriscus cerefolium*)
Kresse (*Lepidium sativum*)
Liebstöckel (*Levisticum officinale*, S. 57)
Lungenkraut (*Pulmonaria officinalis*)
Meerrettich (*Amoracia rusticana*)
Minzen (*Mentha* spec., S. 137)
Preiselbeere (*Vaccinium vitis-idaea*)
Sauerampfer (*Rumex acetosa*)
Schlüsselblume (*Primula elatior*)
Schnittlauch (*Allium schoenoprasum*)
Schöllkraut (*Chelidonium majus*)
Süßdolde (*Myrrhis odorata*)
Veilchen (*Viola odorata*)
Waldmeister (*Galium odoratum*)
Wasserdost (*Eupatorium cannabinum*)

# Der Boden – eine gute Grundlage

Die Qualität der Kräuter und ihrer Inhaltsstoffe wird nicht nur vom Licht, sondern auch durch den Boden bestimmt, in den sie gepflanzt werden. Manche Kräuter lieben mageren, kalkhaltigen Boden, andere gedeihen besonders gut in humusreichen Böden. Sie können schon Vieles erkennen, wenn Sie die Erde in Ihrem Garten genau betrachten, zwischen den Fingern befühlen und zerkrümeln. Zerfällt die Erde leicht zu weichen Krümeln und hat eine dunkle Farbe, dann haben Sie den idealen Gartenboden, einen humusreichen Lehmboden. Lehmboden ist zwar formbar, aber er wird rissig und bricht leicht. Dieser Boden kann Wärme, Wasser, Luft und Nährstoffe gut speichern. Er wird als „mittlerer Boden" bezeichnet.

Ein Boden mit hohem Sandanteil lässt sich nicht formen, zerfällt in der Hand und fühlt sich rau und sandig an. Solche Böden werden „leichte Böden" genannt.

Ist der Boden mit der Hand gut knetbar und formbar, ohne auseinander zu brechen, handelt es sich um einen Boden mit hohem Tonanteil. Er lässt sich fast zu Bleistiftdicke ausrollen. Diesen Boden nennt man „schweren Boden". Er ist, wie der Name schon sagt, schwer zu bearbeiten.

## „Therapien" für Ihren Boden

**Schwere Böden** sind für Kräuteranbau kaum geeignet. Bei Trockenheit werden sie hart und platzen auf. Bei Regen klebt der Ton zusammen und es bilden sich Pfützen. Solche Böden neigen zur Verdichtung und Staunässe und erwärmen sich im Frühjahr nur sehr langsam. Die wenigsten Heilkräuter lieben dies.

- Schwere Böden sollte man im Spätherbst spatentief umgraben, damit der Frost tief in den Boden gelangt und ihn auflockert (Frostgare). Das Lockern mit Sauzahn oder Grabegabel genügt bei solchen Böden meist nicht.
- Feiner Sand, Lavagranulat und Steinmehl sorgen für bessere Durchlüftung der oberen Schichten.
- Kompost, Mulch und verrottete Rinden sorgen für eine Bodenverbesserung.
- Tiefwurzelnde Gründüngungspflanzen wie Ölrettich oder Lupine lockern den Untergrund.

Dunkle Farbe und krümelige Struktur weisen auf einen guten Gartenboden hin.

## HEILPFLANZEN FÜR KALKHALTIGE BÖDEN (PH-WERT 6,5–7,5):

Andorn (*Marrubium vulgare*)
Berg-Bohnenkraut (*Satureja montana*)
Bergminze (*Calamintha* spec.)
Dill (*Anethum graveolens*)
Dost (*Origanum vulgare*, S. 126)
Fenchel (*Foeniculum vulgare*, S. 127)
Huflattich (*Tussilago farfara*)
Johanniskraut (*Hypericum perforatum*, S. 130)
Königskerze (*Verbascum densiflorum*, S. 133)
Lavendel (*Lavandula angustifolia*, S. 135)
Lungenkraut (*Pulmonaria officinalis*)
Majoran (*Origanum majorana*)
Oregano (*Origanum onites*, S. 126)
Rose (*Rosa* spec.)
Rosmarin (*Salvia rosmarinus*, S. 139)
Salbei (*Salvia officinalis*, S. 140)
Schlüsselblume (*Primula veris*)
Thymian (*Thymus vulgaris*, S. 144)
Ysop (*Hyssopus officinalis*)
Zitronenmelisse (*Melissa officinalis*, S.146)

## HEILPFLANZEN FÜR SAURE BÖDEN (PH-WERT VON 4,5–6):

Berg-Arnika (*Arnica montana*, S. 36)
Bärentraube (*Arctostaphylos uva-ursi*)
Bärwurz (*Meum athamanticum*)
Blutwurz (*Potentilla erecta*)
Engelwurz (*Angelica archangelica*)
Heidekraut (*Calluna vulgaris*)
Heidelbeere (*Vaccinium myrtillus*)
Polei-Minze (*Mentha pulegium*)
Preiselbeere (*Vaccinium vitis-idaea*)
Rosenwurz (*Rhodiola rosea*)
Sauerampfer (*Rumex acetosa*)
Silber-Frauenmantel (*Alchemilla alpina*, S. 128)
Schmalblättriges Weidenröschen (*Epilobium angustifolium*)
Sonnentau (*Drosera rotundifolia*)
Wald-Ehrenpreis (*Veronica officinalis*)

**Leichte, sandige Böden** haben einen geringen Nährstoffgehalt und Wasser versickert rasch. Allerdings erwärmen sie sich schnell, sind gut durchlüftet und lassen sich leicht bearbeiten. Viele mediterrane Kräuter, die trockene und nährstoffarme Standorte bevorzugen, fühlen sich in diesen Böden heimisch. Kräuter, die nährstoffreichere und feuchtere Standorte favorisieren, etwa Minzen, finden hier nicht die besten Bedingungen.

- Durch regelmäßige Zufuhr organischer Materialien (Kompost, Mulch, Stalldung, Gründünger) lässt sich der Humusanteil leichter Böden erhöhen.
- Mit Tonmehl (Bentonit) und Gesteinsmehl wird die Bindigkeit des Sandbodens verbessert.

### Wertvoller Humus

Boden besteht nicht nur aus Mineralien, sondern auch aus organischer Substanz.

Ein gutes Beispiel für abgestimmte Standortansprüche: eine Kräuterspirale mit kalkliebenden Pflanzen.

Das sind lebendige oder abgestorbene Bodentiere, Mikroorganismen und unterschiedlich stark zersetzte Pflanzenteile.

Die 25 cm starke Humusschicht ist ein lebendiger Organismus, in dem es vor sicht- und unsichtbaren Lebewesen nur so wimmelt. In einer Handvoll Humus leben mehr Bodenorganismen als es Menschen auf der Erde gibt. Diese bauen abgestorbene Pflanzenreste ab und wandeln sie in pflanzenverfügbare Nährstoffe um. Sie sind der Garant für die Bodenfruchtbarkeit. Außerdem lockern und belüften sie den Boden.

Als eine Art Gesundheitspolizei verdrängen sie schädliche Pilze und Bakterien. In „belebter" Erde sind Gemüse und Kräuter wesentlich weniger anfällig gegen Pilzerkrankungen. Deshalb müssen wir diese wertvolle Schicht sorgsam ernähren, pflegen und erhalten. Das geschieht am besten durch Düngen mit organischem Material und durch Bedecken der Erde mit einer

## PERFEKT FÜR SAURE BÖDEN: ARNIKA

Arnika ist eine seltene Heilpflanze, die in vielen Regionen unter Naturschutz steht. Eine Tinktur aus ihren Blüten ist sehr hilfreich bei Zerrungen, Prellungen und rheumatischen Beschwerden. Ihre dottergelben Korbblüten machen sie zu einem Blickfang für den Kräutergarten. Die Blütenköpfchen werden von Mai bis Juli um die Mittagszeit gepflückt.

Es werden zwei Arten zu Heilzwecken eingesetzt: die in Mitteleuropa heimische Berg-Arnika (*Arnica montana*) und die nordamerikanische Wiesen-Arnika (*Arnica chamissonis*). Beide Arten sind mehrjährig und winterhart. Die alpine Berg-Arnika ist jedoch eine sehr anspruchsvolle Gartenpflanze. Sie gedeiht nur in Beeten mit saurem Boden (pH-Wert 5). Gegossen wird deshalb möglichst mit kalkarmem Regenwasser. Der Samen keimt nur, wenn er nicht älter als ein Jahr ist. Der Lichtkeimer wird im Frühjahr in Saatkisten vorgezogen und dabei nur angedrückt. Ausgepflanzt benötig Arnika einen sonnigen Standort und wasserdurchlässigen Boden. Eine starke Düngung verträgt sie gar nicht. Die amerikanische Art ist dagegen problemlos zu ziehen. Sie gedeiht prächtig in normalen Gartenböden. In der Naturheilkunde gilt sie im Vergleich zur Berg-Arnika als weniger wirksam.

Mulchschicht (siehe Seite 40). Denn für das Bodenleben gilt die Devise: Keine Arbeit ohne Futter!

### Sauer, neutral oder alkalisch?

Der pH-Wert wird auf der pH-Skala gemessen, die von 1 bis 14 reicht. Der Wert 7 gilt als neutral, was darüber liegt ist alkalisch, was darunter liegt gilt als sauer. Die meisten Gartenpflanzen bevorzugen einen pH-Wert zwischen 6 und 7, vor allem das Gemüse. Manche Heilkräuter haben jedoch Sonderwünsche. Wenn wir auf diese eingehen wollen, müssen wir den pH-Wert des Bodens nach ihren Vorlieben verändern. Den pH-Wert können Sie mit im Gartenfachhandel erhältlichen Teststreifen selbst überprüfen.

Viele Kräuter, vor allem die mediterranen, lieben einen alkalischen pH-Wert von 6,5–7,5. Mit Kalk lässt sich der pH-Wert des Bodens erhöhen, denn er bindet die Säuren im Boden. Die Kalkdüngung hat auch den Vorteil, dass von den Pflanzen weniger Schwermetalle aus dem Boden gelöst werden. Johanniskraut, Schachtelhalm, Schafgarbe, Sellerie und Leinsamen sind beispielsweise dafür bekannt, dass sie die giftigen Schwermetalle (z. B. Cadmium) anreichern. In diesem Fall verhindert ein pH-Wert über 7 die Aufnahme der gesundheitsschädlichen Stoffe. Um einen normalen Gartenboden für kalkliebende Kräuter attraktiv zu machen, müssen Sie etwa 100–150 g / m² Algenkalk ausstreuen.

Die Kalkdüngung sollte nie zusammen mit der Stickstoffdüngung ausgebracht werden, sonst kommt es zu erheblichen Nährstoffverlusten. In die Praxis umgesetzt heißt das: Kalkdüngung im Herbst, Stickstoffdüngung im Frühjahr.

Manche mögen Saures: Baldrian, Spitzwegerich, Minzen und Weidenröschen fühlen sich bei einem schwach sauren pH-Wert um 6 besonders wohl. Dann gibt es aber auch Pflanzen, die es richtig sauer wollen, etwa Heidelbeeren. Sie bevorzugen einen pH-Wert von 4,5–5,5; ein Wert, in dem die wenigsten Gartenpflanzen gedeihen können. Um solchen Pflanzen einen guten Platz zu bieten, müssen die Beete mit Nadel-, Laub- oder Rindenkompost versorgt werden. Am besten Sie heben eine spatentiefe Pflanzgrube aus und befüllen diese mit saurer Erde. Denn vor allem die Wurzeln sollen im sauren Milieu stehen. Auch mit Spezialerden für Moorbeetpflanzen lässt sich der pH-Wert der Gartenerde absenken.

In einem „sauren Beet" könnten sehr gut Arnika und Silber-Frauenmantel zusammengepflanzt werden. Sie passen auch sonst gut zusammen, denn beide mögen sonnige, nährstoffarme Standorte.

Auf dem Steingartenbeet oder der Kräutermauer finden sich Pflanzen, die sonnige, trockene und magere Standorte mögen und gleichzeitig kalkreiche Böden bevorzugen: Berg-Bohnenkraut, Lavendel, Rosmarin, Salbei, Thymian und Ysop.

Anhand dieses Wissens können Kräuter auf Beeten zusammengefasst werden, die einen ähnlichen pH-Wert wünschen. Die Angaben können Sie den beiden Kästen der Seite 34 entnehmen. Kräuter, die dort nicht aufgeführt sind, fühlen sich in ganz normaler Gartenerde wohl.

Im Bio-Anbau werden als Kalk-Dünger häufig Algenkalk, Dolomitkalk, Holzasche und Gesteinsmehl verwendet.

# Was Zeigerpflanzen erzählen

Ärgern Sie sich in ihrem Garten über auffallend viel Gänsefingerkraut und Kriechenden Hahnenfuß? Dank dieser zwei «Unkräuter» ist keine aufwendige Bodenanalyse nötig, um etwas über seine Beschaffenheit zu erfahren. Sie weisen auf einen schweren, verdichteten und zu Staunässe neigenden Boden hin. Für uns heißt das: Hier muss unbedingt gelockert werden!

Die Gartenunkräuter geben uns als natürliche Vegetation eines Standortes wertvolle Hinweise über die Eigenschaften des Bodens. Deshalb nennt man sie auch „Zeigerpflanzen". Sie geben uns z. B. Hinweise über Bodenstruktur und Bearbeitungsfehler, Säurewert und Lichtverhältnisse, Wasser- und Humusgehalt, Stickstoff- und Kalkzustand. Als „Zeigerpflanzen" kann man sie jedoch nur zu Rate ziehen, wenn sie sich zahlreich auf den Beeten ausbreiten. Eine einzelne Vogelmiere im Garten sagt noch nichts über den Boden aus. Hat sie sich aber in großer Menge breit gemacht, zusammen mit Gänsefuß oder Franzosenkraut (Knopfkraut), dann besitzen Sie humusreiche und lockere Gartenerde. Wir können uns also über die oft als lästig beschimpften Gartenwildkräuter freuen, denn sie geben uns Tipps und weisen auf eventuelle Bewirtschaftungsfehler hin!

## Was wächst denn da?

**Schwerer, verdichteter, zu Staunässe neigender Boden:** Acker-Schachtelhalm, Acker-Minze, Binsen, Breitwegerich, Gänse-Fingerkraut, Huflattich, Kriechender Hahnenfuß, Kletten-Labkraut, Mädesüß, Quecke, Scharbockskraut, Vogel- und Wiesen-Knöterich, Weißklee.

**Lockerer, humusreicher Boden:** Bingelkraut, Franzosenkraut, Gänsedistel, Kamille, Persischer Ehrenpreis, Vogelmiere, Weißer Gänsefuß.

**Stickstoffreicher Boden:** Acker-Kratzdistel, Ackerwinde, Bingelkraut, Brennnessel, Franzosenkraut, Giersch, Guter Heinrich, Greiskraut, Hirtentäschel, Hühnerhirse, Kamille, Knoblauchsrauke, Kletten-Labkraut, Kohl-

Die Wegwarte zeigt kalkhaltigen Boden an.

Gänsedistel, Krauser Ampfer, Kriechendes Fingerkraut, Kriechender Hahnenfuß, Löwenzahn, Persischer Ehrenpreis, Portulak, Ross-Minze, Schwarzer Nachtschatten, Taubnessel, Vogelmiere, Weißer Gänsefuß.

**Nährstoffarmer Boden:** Adonisröschen, Blutwurz, Dost, Echtes Labkraut, Echter Steinklee, Ginster, Großer Klappertopf, Hauhechel, Hohlzahn, Hundskamille, Leinkraut, Kanadisches Berufkraut, Kleines Habichtskraut, Quendel, Kleiner Wiesenknopf, Wiesen-Margerite, Wilde Möhre, Wundklee, Mittlerer Wegerich.

**Alkalischer Boden (kalkhaltig):** Acker-Gauchheil, Acker-Winde, Adonisröschen, Bingelkraut, Hohlzahn, Klatsch-Mohn, Kriechendes Fingerkraut, Leinkraut, Natternkopf, Odermennig, Persischer Ehrenpreis, Wegwarte, Kleiner Wiesenknopf, Wiesensalbei, Wundklee.

**Saurer Boden (kalkarm):** Acker-Minze, Acker-Ziest, Arnika, Bärwurz, Hasenklee, Heidekraut, Heidelbeere, Hundskamille, Hundsveilchen, Schmalblättriges Weidenröschen.

Wiesen- und Rasenschnitt eignet sich besonders gut als Mulchmaterial für Kräuter.

## Schutz und Nahrung für die Erde

Das Vorbild des Mulchens liefert die Natur, wo es – außer an Extremstandorten – praktisch keine nackte Erde gibt. Die Natur ist stets bestrebt, den fruchtbaren Boden mit einer schützenden Vegetation zu überziehen.

### Mulchen: so wird 's gemacht

Das Mulchmaterial sollte kleingehäckselt sein, damit es sich besser um die Pflanzen herum verteilen lässt und leichter verrottet. Der Boden bleibt ganzjährig mit einer etwa 5 cm hohen Mulchschicht bedeckt, die immer wieder nachgefüllt wird, sobald sie verrottet ist. Frisches, saftiges Material wird nur dünn aufgetragen, möglichst an einem sonnigen Tag. Nach dem Welken kann eine weitere Schicht folgen. Für Aussaat und Pflanzung können Sie die Mulchschicht einfach etwas beiseite schieben. Sind die Pflanzen größer, kann wieder direkt an die Pflanzen gemulcht werden. In der Ruhephase von Herbst bis Frühjahr darf die Mulchschicht auf den Beeten auch dicker sein.
Das Mulchen bringt uns im Vergleich zur herkömmlichen Bodenpflege eine Reihe unglaublicher Vorteile:

- Der Mulch wird von den zahlreichen Bodenorganismen langsam zu wertvollem Humus zersetzt. Dadurch muss weniger gedüngt werden und die Bodenfruchtbarkeit verbessert sich erheblich. Auch die Regenwürmer werden gefördert und als Gegenleistung durchwühlen und lockern sie uns den Boden.
- Durch die Bedeckung wird die Erde vor großer Hitze und Kälte geschützt, aber auch vor starkem Wind und Regengüssen. Die Erde bleibt unter der Mulchschicht locker und feucht, ohne zu verkrusten.
- Die bodennahen Kräuter bleiben sauber, weil sie bei Regen nicht von hochspritzender Erde beschmutzt werden.
- Ein positiver Nebeneffekt des Mulchens ist die verminderte Krankheitsanfälligkeit, denn das Bodenleben wird gefördert und sorgt als Gesundheitspolizei für weniger Pilzkrankheiten. Auch Schädlinge, z. B. Erdflöhe, werden durch Mulch vertrieben.

Eines der Zauberworte für den biologischen Kräutergarten heißt Mulchen. Dadurch werden Boden und Pflanzen geschützt und dem Gärtner und der Gärtnerin bleibt mehr Zeit für die Hängematte!

- Gießen wird auf ein Minimum reduziert, denn unter der Mulchschicht hält sich die Bodenfeuchtigkeit außergewöhnlich lange.
- Der größte Vorteil des Mulchens liegt jedoch im Unterdrücken der Garten-Wildkräuter. Hacken und Jäten entfällt weitgehend; die wenigen Wildkräuter, die sich trotzdem durch die Schicht kämpfen, können leicht ausgezupft werden.

## Kleine Mulchkunde

Im biologischen Kräuteranbau sollten nur organische Materialien zum Mulchen verwendet werden. Aber nicht alle sind uneingeschränkt zu empfehlen:

- **Stroh** ist ein sehr gutes Mulchmaterial, vor allem wenn es kleingehäckselt wurde. Es ist hilfreich, dem Strohmulch etwas organischen Stickstoffdünger unterzumischen, damit die Zersetzung beschleunigt wird. Man rechnet etwa 50 g Hornspäne auf 1 m² Strohmulch. Das Übergießen mit einer Jauche aus Brennnessel ist ebenfalls eine bewährte Methode.
- **Wiesen- und Rasenschnitt** sind die besten Mulchmaterialien für Kräuter. Abgemähte Gründüngung und gejätete Wildkräuter eignen sich ebenfalls vorzüglich. Frisches Material wird nur dünn aufgetragen, um Fäulnis zu verhindern.

Von Mulch umhüllt fühlen sich die Kräuter sichtlich wohl.

## PROBLEME BEIM MULCHEN

Die Mulchschicht fördert allerdings nicht nur die nützlichen Organismen, sie kann auch unerwünschte Gartenbesucher anlocken. In schneckenreichen Gärten ist feuchter Mulch ein ideales Biotop für die schleimigen Feinschmecker. Deshalb sollte in gefährdeten Gärten nur mit trockenem Material gemulcht werden. Mulch aus Stroh und Sägespänen mögen Schnecken nicht so gerne. Auch Silage (Gärfutter) wird von Schnecken weitgehend gemieden und eignet sich gut als Mulchmaterial.
Dicke Mulchschichten können vor allem im Winter Wühlmäuse anlocken. Falls Wühlmäuse bei Ihnen ein Problem sind, sollten Sie unbedingt dünner mulchen.

Unter der Mulchschicht bleibt der Boden locker. Den Spaten benötige ich meist nur noch zum Pflanzen.

Am besten Sie mulchen an einem sonnigen Tag, so dass der Belag gleich antrocknen kann. Beim Wiesenschnitt sollten Sie darauf achten, dass nicht zu viele Pflanzen geblüht haben, sonst werden ihre Samen in den Garten eingeschleppt.

» **Rindenmulch** ist wegen der wachstumshemmenden Gerbstoffe und dem ungünstigen sauren pH-Wert für den Kräuteranbau ungeeignet. Besser ist der daraus gewonnene Rindenhumus, das ist kompostierter Rindenmulch. Durch die Kompostierung werden die wachstumshemmenden Stoffe beseitigt. Kräuter, die saure Böden lieben, können damit problemlos versorgt werden. Für andere Kräuter müssen Sie unbedingt aufkalken.

» **Laub** ist nicht generell ungeeignet, so kann man z. B. das Laub von Obstgehölzen und vielen Heckensträuchern sehr gut als Beimischung verwenden. Das Laub von Holunder, Buche, Eiche, Walnuss, Kastanie und Nadelgehölzen muss wegen der wachstumshemmenden Stoffe zunächst kompostiert werden.

» **Lavagranulat** ist nicht nur hilfreich gegen Bodenverdichtungen, sondern es eignet sich sehr gut als wärmespeichernde anorganische Mulchschicht für südländische Pflanzen auf Kräutermauern und in Pflanzkübeln.

# Leichte Kost für Kräuter

Viele Menschen erstehen die Pflänzchen für ihren Kräutergarten in einem Gartencenter. Meist strotzen Basilikum, Rosmarin, Thymian & Co. vor Fülle, die Blätter sind groß und prall. Duft und Aroma kann man den überraschend saftigen Blättern jedoch wenig entlocken. Der Grund dafür liegt in der Überversorgung mit Stickstoff. Die Kräuter sitzen in einem viel zu nährstoffreichen Substrat und sind dementsprechend aufgeputscht – und zwar auf Kosten des Aromas und der Widerstandskraft gegen Schädlinge. Was den meisten Hobbygärtnerinnen und -gärtnern nicht bewusst ist: Heilkräuter haben ganz andere Nährstoffbedürfnisse als Gemüse. Eine Zuviel an Stickstoff hat in diesem Fall eher negative Auswirkungen!

ei Blütenpflanzen wie der Malve hat eine hohe Stickstoffversorgung inen negativen Einfluss auf die Blütenbildung, weil die Triebkraft n die Blätter statt in die Blüten geht.

Oben: Falls Sie das Glück haben und einen gut versorgten Gartenboden besitzen, dann brauchen Sie Schwachzehrer wie Salbei oder Rosmarin gar nicht zu düngen.

Unten: Die starkwüchsige Indianernessel benötigt einen gut mit Nährstoffen versorgten Gartenboden.

## SCHWACHZEHRENDE KRÄUTER

Andorn (*Marrubium vulgare*)
Arnika (*Arnica montana*)
Berg-Bohnenkraut (*Satureja montana*, S. 125)
Bergminze (*Calamintha* spec.)
Blutwurz (*Potentilla erecta*)
Dost (*Origanum vulgare*, S. 126)
Estragon (*Artemisia dranunculus*)
Kalifornischer Mohn (*Eschscholzia californica*)
Kamille (*Matricaria recutita*, S. 131)
Kornblume (*Centaurea cyanus*, S. 134)
Lavendel (*Lavandula angustifolia*, S. 135)
Quendel (*Thymus pulegioides*, S. 144)
Ringelblume (*Calendula officinalis*, S. 138)
Rose (*Rosa* spec.)
Rosmarin (*Salvia rosmarinus*, S. 139)
Salbei (*Salvia officinalis*, S. 140)
Schafgarbe (*Achillea millefolium*, S. 141)
Schlüsselblume (*Primula veris*)
Silber-Frauenmantel (*Alchemilla alpina*, S. 128)
Thymian (*Thymus vulgaris*, S. 144)
Weinraute (*Ruta graveolens*)
Ysop (*Hyssopus officinalis*)
Zitronen-Thymian (*Thymus × citriodorus*, S. 144)

## Was fehlt dem Boden?

In der Natur kommen die Wildpflanzen im natürlichen Kreislauf ohne menschliches Zutun aus. Im Garten benötigen wir eine Düngung, weil wir durch das Ernten dem Nährstoffkreislauf etwas entnehmen. Allerdings sind Gartenböden selten so ausgelaugt, dass intensiv gedüngt werden müsste. Meist sind sie sogar mit Nährstoffen überversorgt. Um die im Boden verfügbaren Nährstoffe richtig beurteilen zu können, kann eine Bodenanalyse durch ein Untersuchungslabor sehr hilfreich sein. Dadurch können Sie feststellen, ob die Nährstoffversorgung für den Kräuteranbau ausreichend oder gar zu hoch ist. Die günstigste Zeit für eine Analyse ist das zeitige Frühjahr, bevor Sie mit den Gartenarbeiten beginnen. Solche Untersuchungen werden von zahlreichen Laboren angeboten.

### STARKZEHRENDE KRÄUTER

Alant (*Inula helenium*)
Baldrian (*Valeriana officinalis*, S. 49)
Bärlauch (*Allium ursinum*, S. 123)
Basilikum (*Ocimum basilicum*, S. 124)
Beifuß (*Artemisia vulgaris*)
Beinwell (*Symphytum officinale*)
Eibisch (*Althaea officinalis*)
Engelwurz (*Angelica archangelica*)
Fenchel (*Foeniculum vulgare*, S. 127)
Frauenmantel (*Alchemilla xanthochlora*, S. 128)
Hopfen (*Humulus lupulus*)
Indianernessel (*Monarda didyma*, S. 129)
Liebstöckel (*Levisticum officinale*, S. 57)
Löwenzahn (*Taraxacum officinale*)
Malve (*Malva silvestris*, S. 136)
Meerrettich (*Amoracia rusticana*)
Petersilie (*Petroselium crispum*)
Pfefferminze (*Mentha × piperita*, S. 137)
Purpur-Sonnenhut (*Echinacea purpurea*, S. 142)
Schnittlauch (*Allium schoenoprasum*)
Spitzwegerich (*Plantago lanceolata*, S. 143)
Stockrose (*Alcea rosea*, S. 68)
Zitronenmelisse (*Melissa officinalis*, S. 146)

flanzen, die Senföle enthalten wie Meerrettich der Kapuzinerkresse, benötigen im Gegensatz u den meisten Kräutern eine gute Stickstoff-ersorgung.

### Nur wenig Stickstoff!

Kräuter und Heilpflanzen sind in der Regel Wildpflanzen ohne züchterische Bearbeitung und können deshalb Bodennährstoffe gut aufschließen. Im Gegensatz zum züchterisch bearbeiteten Gemüse handelt es sich bei den Kräutern um so genannte „Schwachzehrer", die eher nährstoffarme Standorte mögen. Natürlich gibt es auch Ausnahmen, die eine etwas stärkere Düngung benötigen, um genügend Heilstoffe zu produzieren. Im Vergleich zu Gemüse benötigen starkzehrende Kräuter jedoch immer noch viel weniger Stickstoff. Eine Überversorgung hat sogar negative Auswirkungen auf die Qualität: Es kommt zu einem Verlust von Aromen und Heilstoffen und auch die Widerstandskraft gegenüber Schädlingen wird herabgesetzt. Den Zusammenstellungen auf Seite 44 und 45 können Sie entnehmen, wie der Nährstoffbedarf der verschiedenen Heilkräuter ist.

Mehrjährige Kräuter sollten Sie einmalig im Frühjahr düngen. Bei Neupflanzungen geben Sie eine Düngegabe mit ins Pflanzloch. Eine Düngung im Spätsommer oder Herbst lässt junge Triebe sprießen, die so spät keine Winterhärte mehr erreichen können. Dies ist oft der Grund, weshalb viele immergrüne Kräuterstauden (z. B. Rosmarin) den Winter nicht überleben. Im Winter einziehende Kräuter wie Zitronenmelisse oder Minzen, die mehrmals jährlich geerntet werden, bekommen nach jedem Schnitt eine kleine Düngergabe, um den Neuaustrieb zu unterstützen.

Kraut- und Blattpflanzen benötigen eine stickstoffbetonte Düngung, Wurzelpflanzen eine kalibetonte und Frucht-, Samen- und Blütenpflanzen eine phosphatbetonte Düngung.

Egal ob Thermo-Komposter, Latten-Komposter oder Kompostmiete: Für eine gute Verrottung ist Sauerstoff nötig!

## Organisch düngen: Klasse statt Masse!

Organische Düngung fördert das Bodenleben und steigert die Bodenfruchtbarkeit. Außerdem können die Pflanzen ihre Qualitätsmerkmale besser ausprägen, denn die Nährstoffe werden langsam und harmonisch freigesetzt. Infolge der milden Düngewirkung treiben die Pflanzen nicht durch und ihr Gewebe lagert kein überschüssiges Wasser ein. Das Resultat sind gesunde, aromareiche Kräuter. Die langsam wirkende organische Düngung steigert nicht nur Blütenreichtum und Gehalt an ätherischen Ölen, sondern auch den Gehalt anderer Pflanzenwirkstoffe.

Die leicht löslichen Kunstdünger schwemmen dagegen die Pflanzen auf; sie entwickeln viel Blattmasse. So steigert man zwar die Erträge, aber die Kräuter verlieren an Aroma- und Heilstoffen! Außerdem schädigt Kunstdünger das wertvolle Bodenleben und ist auch ökologisch problematisch, da er mit Hilfe fossiler Brennstoffe hergestellt wird.

Die Gründüngerpflanze Phacelia hat eine positive Wirkung auf den Boden und lockt zudem Bienen an. Sie kann ab März auf brachliegende Flächen gesät werden.

## Kleines Nährstoff-Einmaleins

Wenn in der Gartenliteratur über Düngung geschrieben wird, tauchen meist die vier so genannten „Hauptnährstoffe“ auf: Stickstoff, Phosphor, Kalium und Kalzium. Die Hauptnährstoffe sind für das Wachstum der Pflanzen von entscheidender Bedeutung. Es ist hilfreich, über deren Aufgabe im Stoffwechsel der Pflanzen Bescheid zu wissen, denn sie sind in den organischen Düngern in unterschiedlicher Konzentration enthalten.

- Stickstoff für Wachstum und Blattmasse: Hornspäne, Gründünger, Guano, Mist.
- Phosphor für Blüten- und Fruchtbildung: Holzasche, Knochenmehl, Geflügelmist.
- Kalium (Kali) für Wurzel- und Knollenbildung: Holzasche, Steinmehl.
- Kalzium (Kalk) als Baustein für Pflanzeninhaltsstoffe: Algenkalk, Dolomitkalk, Hüttenkalk, Kohlensaurer Kalk.

## Dünger frei Haus: Kompost und Gründüngung

Neben den käuflichen organischen Düngemitteln verfügen Bio-Gärtner und Gärtnerinnen über zwei großartige „Selfmade-Dünger“: Kompost und Gründünger.

**Kompost** verwandelt die organischen Abfälle von Haus und Garten in humusreiche Erde. Er ist unentbehrlich für den Humusaufbau und für die Krümelstruktur des Bodens. Er fördert das wertvolle Bodenleben und die Gesundheit der Pflanzen.

Egal, ob Sie Thermo-Komposter, Latten-Komposter, Drahtgestelle oder die klassische Kompostmiete bevorzugen; bei allen Systemen gibt es einige Grundregeln zu beachten. Sehr wichtig für eine gute Kompostierung ist die Sauerstoffzufuhr, denn bei Sauerstoffmangel kommt es zur unerwünschten Fäulnisbildung. Achten Sie also darauf, dass der Kompost nicht verdichtet und steuern Sie notfalls durch Umsetzen und Lockern entgegen. Besonders gut gelingt der Kompost, wenn er aus unterschiedlichsten Materialien wie Küchenabfällen, Rasenschnitt, Laub oder Heckenschnitt zusammengesetzt ist. Nutzen Sie also grobe und feine sowie trockene und feuchte Kompostzutaten.

## PERFEKT FÜR NÄHRSTOFFREICHE BÖDEN: BALDRIAN

Baldrian (*Valeriana officinalis*) ist eine dekorative Staude, die bis zu 1,50 m hoch werden kann. Er ist bekannt für seine entspannende und beruhigende Wirkung. Die Wirkstoffe sitzen in den Wurzeln und diese werden im Oktober geerntet. Nach dem Waschen werden sie bei schonenden Temperaturen getrocknet.
Der pflegeleichte Baldrian ist eine Halbschattenpflanze, die auch gerne sonnig steht. Die winterharte Staude gedeiht am besten in tiefgründigen lockeren Böden, so dass sich die Wurzeln gut entfalten können. Ein schwach saurer Boden mit dem pH-Wert 6 ist ideal. Baldrian benötigt eine gute Feuchtigkeitsversorgung und im Frühjahr eine reichliche Kompostgabe. Durch Holzasche wird das Wurzelwachstum angeregt.
Die Aussaat erfolgt am besten im Sommer, dann kann im Herbst des darauffolgenden Jahres geerntet werden. Als Lichtkeimer wird Baldrian-Samen nicht mit Erde bedeckt, sondern nur gut angedrückt. Der Samen ist nicht lange keimfähig, weshalb er am besten gleich nach der Samenernte im August ausgesät wird. Baldrian ist nicht selbstverträglich, weshalb nach dem Abernten eine fünfjährige Anbaupause eingehalten werden sollte.

Der Kompost sollte außerdem nach untenhin unbedingt Erdanbindung haben, damit überschüssiges Wasser absickern und Regenwürmer und Bodenorganismen zuwandern können. In der Regel benötigt ein frisch aufgesetzter Kompost etwa 9–12 Monate bis zur Reife. Sie können die Reifezeit jedoch um die Hälfte verkürzen, indem Sie den Rotteprozess mit Kompostbeschleunigern oder Kompostpräparaten anregen. Auch das Überbrausen mit Brennnesseljauche fördert die Umsetzung.

Bei der **Gründüngung** werden spezielle Gründüngungspflanzen ausgesät und später in den Boden eingearbeitet. Gründüngung ist viel mehr als nur Düngung, ihre Stärken liegen in der Lockerung und Belüftung des Bodens durch die Wurzelmasse. Außerdem wird der Boden beschattet und vor Erosion und Verschlämmung geschützt. Die Gründüngung ist eine lebendige Alternative zum Mulch, der nicht immer in genügender Menge zur Verfügung steht.

Die Wahl der Gründüngungspflanzen hängt davon ab welchen Zweck sie erfüllen sollen: Schnell wachsende Gründünger wie Gelbsenf oder Kresse begrünen den Boden schon nach wenigen Wochen. Leguminosen, wie Klee, Lupinen oder Wicken liefern dem Boden mit ihren Knöllchenbakterien Stickstoff. Tiefwurzler wie zum Beispiel Ackerbohne, Ölrettich, Sonnenblumen oder Lupinen lockern den schweren Boden. Viele Gründüngerpflanzen sind nebenbei noch fantastische Bienenweiden. Dazu gehören Buchweizen, Phacelia, und Persischer Klee. Der Handel bietet auch zahlreiche Gründüngung-Mischungen an.

Einjährige Gründüngungspflanzen erfrieren meist über den Winter. Frostharte Pflanzen werden im Frühjahr abgemäht und zerkleinert. Nach dem Abtrocknen können sie oberflächlich in den Boden eingearbeitet werden.

# Aus eins mach' mehr

Es gibt zwei verschiedene Arten der Pflanzenvermehrung: Die generative Vermehrung (geschlechtliche) durch Samen und die vegetative Vermehrung (ungeschlechtliche) durch Stecklinge oder Teilung des Wurzelstocks.

Bei der **generativen Vermehrung** gleichen sich die Sämlinge einer Art ebenso wenig wie die Kinder eines Menschen-Paares. Die Nachkommen fallen nicht gleichmäßig aus. Manchmal entstehen dabei ganz neue Formen. Aber nicht nur das Aussehen, sondern auch Aroma und Wirkstoffgehalt können bei der generativen Vermehrung schwanken.

Bei eigenem Saatgut sollten Sie beachten, dass die Samen mancher Heilpflanzen nur eine sehr kurze Keimfähigkeit von wenigen Monaten besitzen. Dazu gehören zum Beispiel Baldrian, Bärwurz, Engelwurz und Süßdolde. Hier lohnt es sich das trockene Saatgut für die Konservierung einzufrieren. Andere Kräuter wie Basilikum oder Ringelblume bleiben viele Jahre keimfähig.

Bei der **vegetativen Vermehrung** haben wir im Gegensatz zum Sämling keine „Neuschöpfung". Die neue Pflanze entsteht aus einem Stück der Mutterpflanze, ist also sozusagen ein genetisch völlig identisches Duplikat. Das ist auch der entscheidende

## DIE EIGENE SAMENERNTE

Sie können Kräuter auch aus selbst geerntetem Samen heranziehen. Keimfähiges Saatgut lässt sich nur aus gut ausgereiftem Samen gewinnen. Ernten Sie möglichst bei trockenem Wetter. Anschließend muss der Samen sorgfältig nachgetrocknet werden, damit er nicht zu viel Restfeuchte enthält. Sie können den Samen von auffallenden Einzelpflanzen auswählen, bei denen bestimmte Eigenschaften interessieren. Von manchen Sorten lässt sich kein Samen gewinnen. Dazu gehören die Hybrid-Sorten, etwa von gefüllten Ringelblumen- oder Studentenblumen-Sorten. Sie setzen entweder überhaupt keinen Samen an oder die Nachkommenschaft besitzt ganz andere Merkmale.

Bei den Kräutern gibt es im Vergleich zu den Gemüsearten sehr viele Lichtkeimer. Basilikum gehört z.B. in diese Gruppe.

## PERFEKT FÜR EINE AUSSAAT IM WINTER: ENZIAN

Gelber Enzian (Gentiana lutea) ist in alpinen Gebieten heimisch. Er steht in vielen Ländern unter Naturschutz, daher sollte er nur im Garten angebaut und geerntet werden. Seine heilkräftigen Wurzeln enthalten sehr viele Bitterstoffe, weshalb er gerne in verdauungsfördernden und appetitanregenden Magenschnäpsen verarbeitet wird. Sie werden im zeitigen Frühjahr vor dem Austrieb geerntet, wenn die meisten Heilstoffe enthalten sind – aber bitte erst ab dem fünften Standjahr.
Der winterharte Enzian ist eine anspruchsvolle Gartenpflanze, die über 60 Jahre alt werden kann. Auf den 1,40 m hohen, gelben Blütenstand muss man vier bis fünf Jahre warten. Sein Platz im Garten sollte sonnig sein, der Boden tiefgründig und schwach sauer. Ein pH-Wert von 6 bis maximal 6,5 wäre ideal. Staunässe verträgt er nicht. Der Nährstoffbedarf ist eher gering, eine einmalige Kompostgabe im Frühjahr genügt. Die Wurzelentwicklung wird durch Holzasche begünstigt.
Das Saatgut des Kaltkeimers benötigt eine acht- bis zehnwöchige, feucht-kühle Lagerung, um zur Keimung zu kommen. Das klappt mit der beschriebenen „Kühlschrankmethode“ (Seite 54) oder mit der Aussaat im Freien im Oktober/November. Als Dunkelkeimer muss die Saat mit Erde leicht abgedeckt werden. Das Saatgut sollte nicht älter als zwei Jahre sein.

Vorteil dieser Methode, denn so können gewünschte Eigenschaften einer Pflanze (z. B. Duft, Wirkstoffgehalt, Blütenfarbe) vollständig erhalten bleiben. Viele Pflanzen, beispielsweise der Hybrid-Lavendel (Lavandin, Lavandula × intermedia), lassen sich nur vegetativ vermehren, da sie keine Samen ausbilden.

## Aus Samen vermehren

Die Aussaat ist eine preiswerte Methode, um möglichst viele Pflanzen heranzuziehen. Allerdings dauert es bei einigen mehrjährigen Kräuter-Arten recht lange, bis aus dem Samen eine ansehnliche Pflanze entstanden ist. In der Praxis werden deshalb vorrangig die schnellwüchsigen ein- und zweijährigen Kräuter durch Samen vermehrt.

Gekauftes Saatgut sollte möglichst aus biologischem Anbau kommen. In biologischen Züchtungsbetrieben werden robuste Sorten vermehrt. Die Samen sind ungebeizt und frei von gentechnischen Manipulationen. Das Samenangebot, auch von seltenen Arten, nimmt im Fachhandel beständig zu. Im Serviceteil (Seite 153) finden Sie eine Auflistung von biologischen Saatgutbetrieben.

### Licht als Startschuss

**Als Lichtkeimer** bezeichnet man Pflanzen, deren Samen zum Keimen Licht benötigen. Ihre Samen dürfen deshalb nicht mit Erde bedeckt werden, sonst ist das Keimergebnis sehr gering. Die Samen werden nur auf die feuchte Aussaaterde gesät und angedrückt, damit sie Erdkontakt bekommen. Das Saatgut von Lichtkeimern ist meist sehr klein. Beim Gemüse findet man im Gegensatz zu Kräutern kaum Lichtkeimer.

## Kräuter mit besonderen Ansprüchen

| Lichtkeimer | Dunkelkeimer | Kaltkeimer |
|---|---|---|
| Arnika | Andorn | Arnika |
| Bärlauch | Anis | Augentrost |
| Baldrian | Beinwell | Bärlauch |
| Basilikum | Bockshornklee | Bärwurz |
| Beifuß | Borretsch | Diptam |
| Bohnenkraut | Dill | Engelwurz |
| Dost | Eibisch | Enzian |
| Estragon | Enzian | Frauenmantel |
| Johanniskraut | Fenchel | Herzgespann |
| Kamille | Kapuzinerkresse | Lungenkraut |
| Katzenminze | Koriander | Meisterwurz |
| Kerbel | Kornblume | Schlüsselblume |
| Klatsch-Mohn | Liebstöckel | Schnittlauch |
| Königskerze | Lungenkraut | Süßdolde |
| Kümmel | Malve | Tausendgülden-kraut |
| Majoran | Mariendistel | Duft-Veilchen |
| Nachtkerze | Ringelblume | Wacholder |
| Pfefferminze | Salbei | Waldmeister |
| Quendel | Sonnenblume | |
| Rosmarin | Stockrose | |
| Schafgarbe | Süßholz | |
| Tausendgülden-kraut | Duft-Veilchen | |
| Thymian | Waldmeister | |
| Wermut | Weinraute | |
| Zitronenmelisse | | |

Zweijährige wie die Königskerze bilden im Jahr der Aussaat eine Blattrosette und überwintern so, erst im zweiten Jahr blühen sie.

Rechts: Die Süßdolde ist eine leckere Teepflanze und gehört zu den Kaltkeimern

### Keimen im Verborgenen

Die Samen von **Dunkelkeimern** keimen nur in ausreichender Dunkelheit. Sie müssen nach der Aussaat mit feingesiebter Erde abgedeckt werden. Allerdings dürfen sie nicht zu tief in der Erde liegen, sonst schaffen sie es nicht, die Erdschichten zu durchbrechen. Eine Faustregel besagt: Die Samen sollen etwa dreimal so tief in der Erde liegen, wie sie selbst dick sind.

### Manche mögen 's kalt

Die Samen der **Kaltkeimer** benötigen eine einige Wochen andauernde Kältephase. Dabei werden keimhemmende Substanzen in der Samenschale abgebaut. Erst mit beginnendem Frühling trauen sich die Keimlinge aus der Schale.

Diese „Kaltstarter“ können im Spätherbst (Oktober / November) direkt im Garten ausgesät werden. Alles weitere erledigt die Natur von selbst. Allerdings kann es bei dieser Methode zu größeren Ausfällen kommen, weshalb sie nur geeignet ist, wenn genügend Saatgut vorhanden ist. Starker Frost schadet nicht, solange die Samen nicht keimen. Ab Mitte Februar werden die Kaltkeimer wie normales Saatgut behandelt: Achten Sie auf ausreichend Feuchtigkeit und warten Sie die Keimung ab.

## AUSSAAT – SO WIRD 'S GEMACHT

Zum Keimen benötigt Samen Feuchtigkeit, Wärme und Luft. Der Boden muss erwärmt sein, in kalter Erde keimt kein Samenkorn. Vor der Aussaat bereiten Sie die Beete feinkrümelig und unkrautfrei vor. Am besten Sie feuchten die Erde schon vor der Aussaat an.

Besonders praktisch ist die Reihensaat, da zwischen den Reihen gut gehackt und gejätet werden kann. Legen Sie den Samen entlang einer gespannten Schnur in flachen Saatrillen ab (Angaben zum optimalen Abstand finden Sie auf den Samentüten oder in der Übersicht auf Seite 152). Ziehen Sie die Rillen mit dem Finger oder mit einem Pflanzholz.

Feine Samen können Sie auch breitwürfig aussäen. Danach werden die Samen dünn mit Komposterde zugedeckt und mit der Hand oder dem Harkenrücken leicht angedrückt. Je feiner die Samen, desto dünner die darüber gestreute Kompostschicht. Lichtkeimer dürfen Sie gar nicht bedecken, sondern nur andrücken. Zum Schluss sollten Sie vorsichtig angießen, am besten mit einer feinen Brause.

Es ist auch möglich, den Winter künstlich zu simulieren, damit Sie auch noch im Frühjahr Kaltkeimer aussäen können. Hierzu wird das Saatgut mit feuchtem Sand vermischt und in einen Plastikbeutel gegeben. Nun wird das Ganze für vier bis sechs Wochen in den Kühlschrank gestellt. Anschließend wird der kältebehandelte Samen in Aussaaterde gesät und etwas wärmer gestellt.

### An Ort und Stelle aussäen

Vor allem die ein- und zweijährigen Kräuter können Sie direkt ins Beet säen. Die Aussaat erfolgt je nach Klima von Ende März bis Ende Mai. Wärmebedürftige Arten wie Majoran, Bohnenkraut oder Kapuzinerkresse kann man erst ab Mitte Mai im Freien säen. Die schnellwüchsigen Einjährigen kommen dann schon im Sommer zur Blüte.

Die Zweijährigen werden erst im Sommer ab Mitte Juni bis Mitte August gesät. Im ersten Jahr bilden sie am Boden eine Rosette und erst im zweiten Jahr blühen sie. Dazu gehören beispielsweise Engelwurz, Fenchel, Königskerze, Nachtkerze, Stockrose und Wegwarte.

Das Gelingen der Direktsaat hängt entscheidend von Wärme und gleichmäßiger Feuchtigkeit ab. Wenn angekeimte Samen austrocknen, sterben sie ab. Deshalb sollten Sie regelmäßig die Feuchtigkeit kontrollieren und eventuell das Beet mit Vlies oder Folie abdecken. Sobald die ersten Keimlinge erscheinen, muss man die Abdeckung entfernen. Die meisten Samen benötigen Keimtemperaturen um 18 °C; Kaltkeimer geben sich schon mit Temperaturen zwischen 10 und 15 °C zufrieden. Südländer und tropische Pflanzen erwachen erst bei Temperaturen über 20 °C.

## In Saatkisten vorziehen

Ab März können Sie Kräuter auf der warmen Fensterbank, im Gewächshaus oder im Frühbeetkasten vorziehen.

Für die Vorkultur benutzen Sie am besten Blumentöpfe, Saatkisten oder flache Schalen, die mit Erde befüllt werden. Aussaaterde können Sie sich selbst aus einer 1 : 1 Mischung mit fein gesiebtem Kompost und Sand herstellen. Selbsthergestellte Aussaaterden haben im Gegensatz zu gekauften den entscheidenden Vorteil, dass sich darin unzählige Mikroorganismen tummeln. Dagegen sind handelsübliche Aussaaterden keimfrei. Wie sollen darin keimende Pflanzen ein gutes Abwehrsystem gegen Krankheiten entwickeln? Deshalb ergibt es Sinn sterile Aussaaterden zu beleben, zum Beispiel mit Hilfe von Effektiven Mikroorganismen (EM) oder durch die Zugabe von Kompost. Bei Effektiven Mikroorganismen handelt es ich um eine konzentrierte Mischung von Mikroben, Bakterien und Pilzen, die zur Gesundheit des Bodens und der Pflanzen beitragen.

Die Aussaaterde wird nun mit einem Brettchen glatt gestrichen und leicht angedrückt. Danach feuchten Sie die Erde gut an und säen aus. Übersprühen Sie die Samen noch mit etwas Wasser aus dem Pumpzerstäuber. Das Abdecken der Saatgefäße mit einer Glasscheibe oder einer Folie sorgt für die erforderliche hohe Luftfeuchtigkeit. Es

Oben: Die warme Vorkultur eignet sich für wärmeliebende Arten wie Basilikum und Majoran oder für mehrjährige Arten mit langer Entwicklungsdauer, etwa Lavendel, Salbei oder Rosmarin.

Unten: Beim Pikieren hilft ein Pikierstab oder ersatzweise eine dicke Stricknadel. Damit können Sie die Pflänzchen vorsichtig aus der Saatschale nehmen und in das Pflanzloch setzen.

Der Wurzelballen lässt sich je nach Stärke mit einem Spaten, der Gartenschere oder dem Messer teilen.

gibt für diesen Zweck auch spezielle Mini-Gewächshäuser. Die Abdeckung wird täglich gelüftet.

Die meisten Kräuter keimen nach etwa zwei Wochen; Nachzügler wie Salbei oder Lavendel benötigen drei bis vier Wochen. Mit dem ersten Grün entfernen Sie die Abdeckung wegen der Schimmelgefahr. Jetzt ist viel Licht (aber keine direkte Sonneneinstrahlung!) nötig, damit die Keimlinge nicht in die Höhe schießen.

### Survival-Training für Jungpflanzen

Sobald sich die ersten Blättchen entwickelt haben, beginnen Sie mit dem „Survival-Training“, um die Pflanzen auf die „gefährliche Gartenwelt“ vorzubereiten. Denn dort lauern Krankheiten und Schädlinge, die sich gerne auf junge „unerfahrene“ Pflänzchen stürzen. Zunächst trainieren die Keimlinge ihr Immunsystem in „lebendiger“ Erde. Dann lernen ihre Schützlinge was Bewegung und Wind bedeutet, indem Sie täglich mehrmals kräftig mit der Handfläche „gestreichelt“ werden. Das „Streichle-mich-fit-Programm“ sorgt nicht nur für einen stabilen Stängel und Wuchs, sondern auch für mehr Abwehrkräfte. Gestreichelte und bewegte Pflanzen aktivieren durch diese Reize ihr Abwehrsystem und bilden mehr Abwehrstoffe gegen Schädlinge und Krankheiten aus. Ein Effekt, der inzwischen im Institut für Pflanzenbiologie der TU Braunschweig wissenschaftlich betätigt werden konnte. Bevor die Pflänzchen ins Freie entlassen werden, müssen sie nun noch lernen, wie man sich vor der Sonne schützt. Denn im Haus oder unter Glas haben sie keine Möglichkeit dies zu trainieren. Deshalb werden sie tagsüber im Freien einige Stunden an schattige Plätze gestellt, um sich langsam an die UV-Strahlung zu gewöhnen und entsprechende Schutzstoffe (Flavonoide) zu produzieren. Nach einigen Tagen „Frischluft schnuppern“, sind die Pflänzchen genug abgehärtet für das Auspflanzen im Garten oder auf dem Balkon.

## DER TRICK MIT DER MARKIERSAAT

Bei langsam keimenden Kräutern wie Petersilie oder Liebstöckel können Sie die Reihensaat mit Kresse, Dill oder Radieschen markieren. Legen Sie diese Schnellkeimer in regelmäßigen Abständen mit in die Saatrillen. Sie erscheinen eher als die langsam keimenden Kräuter und zeigen Ihnen so, wo genau die Saatreihen entlang laufen. So können Sie bei Bedarf zwischen den Reihen hacken, ohne die Kräutersaat zu gefährden.

## PERFEKT ZUM TEILEN: LIEBSTÖCKEL

Liebstöckel (*Levisticum officinale*) ist eine beliebte, mehrjährige Gartenpflanze, die bis 2 m hoch werden kann. Das in ihr enthaltene ätherische Öl ist für den typischen Maggigeruch verantwortlich. Wurzeln und Blätter wirken harntreibend und verdauungsfördernd. Geerntet werden die Blätter vor der Blüte durch zweimaligen Schnitt im Sommer (Juni / September). Die aromatischen fingerdicken Wurzeln erntet man im Oktober des dritten Standjahres. Die Blätter müssen zügig getrocknet werden, damit sie ihr Aroma behalten.
Liebstöckel steht gerne halbschattig auf tiefgründigem, humosen Boden und benötigt eine gute Feuchtigkeitsversorgung. Jedes Frühjahr bekommt er eine kräftige Kompostdüngung. Die Wurzelentwicklung wird durch Holzasche begünstigt. Das Saatgut bleibt nicht lange keimfähig und sollte deshalb gleich nach der Ernte im August ausgesät werden. Als Dunkelkeimer wird der Samen mit etwas Erde bedeckt und angedrückt. Da Liebstöckel andere Kräuter im Wachstum behindert, ist er nicht für Mischkulturen geeignet. Nach vier Jahren kann die Pflanze durch Teilung des Wurzelstockes verjüngt werden. Sie ist mit sich selbst und mit anderen Doldenblütlern (Dill, Engelwurz, Petersilie) unverträglich, weshalb im Fruchtwechsel eine Anbaupause von fünf Jahren sinnvoll ist. Liebstöckel ist sehr anfällig gegen Blattlausbefall.

**Pikieren für kräftige Pflanzen**
Sobald nach den beiden Keimblättern die ersten beiden Laubblätter erscheinen, wird der „Kräuter-Kindergarten" aufgelöst. Die Pflänzchen werden nun einzeln in kleine Töpfchen oder Paletten verpflanzt (= pikiert). Hat der Sämling lange Wurzeln, knipsen Sie diese mit dem Fingernagel um ein Drittel ab. Er wird so tief gesetzt, dass das untere Blattpaar fast auf der Erde aufliegt. Die Pflänzchen werden gut angedrückt und vorsichtig gegossen. Pikieren beschleunigt das Wachstum und fördert die Wurzelbildung.

## Mit Pflanzenteilen vermehren

Die vegetative Vermehrung eignet sich vor allem für mehrjährige Kräuter, die bei Aussaat meist eine lange Entwicklungszeit haben. Hier erhält man in relativ kurzer Zeit eine neue Jungpflanze. Zudem kann man durch die vegetative Vermehrung besondere Merkmale der Mutterpflanze vervielfältigen, denn die neue Pflanze ist ein Duplikat der Mutterpflanze. Wenn Sie nun eine besonders intensiv duftende Pfefferminze vegetativ vermehren, überträgt sich diese Eigenschaft auf die Tochterpflanze, was bei einer Aussaat nicht gewährleistet wäre.

### Geteilt ist mehr als verdoppelt

Bei mehrjährigen Kräuterarten, die sich horstartig ausbreiten, kann der Bestand durch Wurzelstockteilung vermehrt werden. Dies ist die einfachste Form der vegetativen Vermehrung. Im Frühjahr oder Herbst wird der Wurzelstock ausgegraben und geteilt. Nehmen Sie vor allem die jüngeren, äußeren Pflanzenteile.

## STECKLINGSVERMEHRUNG – SO WIRD 'S GEMACHT

Mit einem sehr scharfen Messer oder einer Rasierklinge schneiden Sie aus den Trieben 5–10 cm lange Stücke. Der Schnitt sollte schräg unter einer Blattachsel erfolgen, denn hier befindet sich sehr viel teilungsaktives Gewebe, aus dem sich neue Wurzeln bilden. Lösen Sie die Blätter im unteren Teil des Triebes behutsam ab, ohne den Blattknoten zu beschädigen. Es sollten ein bis drei Blattpaare stehen bleiben. Am besten nutzen Sie nur Triebe ohne Blüten und Knospen, denn diese behindern die Wurzelbildung. Falls doch welche vorhanden sind, müssen sie entfernt werden.
Nun füllen Sie ein Substrat aus Kompost und Sand (etwa im Verhältnis 1:1) in kleine Töpfchen und gießen sie gut an. Bohren Sie nun mit einem Pikierstab oder Holzstab Pflanzlöcher in das Substrat. Mehrere Stecklinge werden eingesteckt und gut angedrückt. Etwa zwei Drittel des Stecklings kommen in den Boden. Stecken Sie sie am besten nah an den Rand des Topfes, da hier die Bewurzelung besonders gut klappt.

Nun können die Einzelstücke am neuen Standort eingepflanzt werden. Der Wurzelhals kommt genauso tief in den Boden wie vorher. Ins Pflanzloch geben Sie als Starthilfe etwas Kompost. Die neugepflanzten Teile werden gut angedrückt und kräftig angegossen.

### Stecklinge – ein Trieb bekommt Wurzeln

Von fast allen mehrjährigen Kräuter-Arten lassen sich im Sommer (Juni–August) sehr gut Stecklinge schneiden. Junge Triebspitzen oder Teilstücke der Triebe eignen sich am besten. Sie sollten schon genügend fest, aber noch nicht verholzt sein.
Hohe Luftfeuchtigkeit und Wärme sind Voraussetzung für ein gutes Ergebnis. Dazu können Sie einfach eine durchsichtige Plastikhaube in passender Größe über den Topf stülpen. Einige kleine Löcher in der Folie sorgen für den nötigen Luftaustausch. Lassen Sie die Stecklinge an einem schattigen, aber warmen Platz bewurzeln. Sie werden regelmäßig feucht gehalten, dürfen aber nicht zu nass stehen. Sobald sie zu treiben beginnen, haben sich Wurzeln gebildet. Das dauert in der Regel zwei bis vier Wochen. Jetzt sollten Sie die Abdeckung entfernen und Ihren Schützlingen Zeit zum Entwickeln geben, bevor Sie sie auspflanzen.

Die Wurzelstockteilung bietet sich auch zum Verjüngen an, da viele Kräuterstauden im Laufe der Jahre ihre Vitalität verlieren, weniger Wirkstoffe produzieren und irgendwann eingehen. Diese „Verjüngungskur“ sollte alle drei bis fünf Jahre stattfinden.

ei Wurzelschnittlingen genügt
s, wenn Sie ein fingerlanges
tück der fleischigen Wurzeln
inpflanzen.

### GETEILTE FREUDE IST DOPPELTE FREUDE

Folgende Pflanzen können Sie über Wurzelstockteilung vermehren:
Baldrian, Dost, Estragon, Frauenmantel, Kanadische Goldrute, Indianernessel, Johanniskraut, Liebstöckel, Purpur-Sonnenhut, Schafgarbe, Schnittlauch, Waldmeister, Zitronengras, Zitronenmelisse

### STECKLINGSVERMEHRUNG

Diese Pflanzen lassen sich leicht über Triebstecklinge vermehren:
Beifuß, Berg-Bohnenkraut, Eberraute, Lavendel, Lorbeer, Minzen, Rosmarin, Salbei, Thymian, Weinraute, Wermut, Ysop, Zistrose, Zitronenmelisse, Zitronenverbene

### EINE NEUE PFLANZE AUS EINEM STÜCK WURZEL

Wurzelschnittlinge gelingen bei folgenden Heilpflanzen:
Alant, Baldrian, Balsamkraut, Beinwell, Eibisch, Engelwurz, Enzian, Liebstöckel, Löwenzahn, Meerrettich, Nachtkerze, Süßholz

## Ein Wurzelstück genügt

Bei manchen Kräutern kann aus Wurzelstücken eine Art Steckling gemacht werden. Dazu legt man den Wurzelstock der Mutterpflanze frei und schneidet einige daumengroße Stücke der jungen Wurzeln ab. Die Wurzelschnittlinge werden in der ursprünglichen Triebrichtung 1–2 cm tief eingegraben. Günstigste Zeit für diese Vermehrungsmethode ist das Frühjahr.

Andere Pflanzen werden über Tochterzwiebeln (Knoblauch), Knollen (Pfingstrose) oder Rhizome (Maiglöckchen, Ingwer) vermehrt. Wieder andere Pflanzen (Minzen, Estragon) bilden Wurzelausläufer, die unter der Erde weiterwandern. Überirdische Ausläufer machen zum Beispiel Erdbeeren oder Gundermann.

In den ersten Wochen nach der Pflanzung immer gut wässern!

# Heilkräuter kaufen und pflanzen

Nicht alle Heilkräuter eignen sich zur Saatgutgewinnung. Deshalb werden Sie ausgefallene Arten und Züchtungen als Topfpflanzen kaufen müssen. Da Sie die Pflanzen sicher essen oder zur Heilung bzw. Schönheitspflege einsetzen wollen, sollten sie aus biologischer Produktion stammen. Adressen von gut sortierten Spezial-Gärtnereien finden Sie im Serviceteil auf Seite 153.

Grundsätzlich sollten Sie Kräuterpflanzen gleich nach dem Kauf von der meist überversorgten Topferde befreien. Entweder kommen sie in einen größeren Topf mit einem mageren Kräuter-Substrat, das auch dem gewünschten pH-Wert der Pflanze entspricht. Oder sie werden gleich im Garten an den richtigen Standort gesetzt. Wenn die Pflanzen bisher unter Glas standen, müssen sie erst langsam im Schatten an die UV-Strahlung gewöhnt werden, damit es nicht zu Blattverbrennungen kommt. Nach drei bis vier Tagen ist die Sonnenbrandgefahr gebannt.

Wässern oder tauchen Sie die Topfpflanzen vor dem Einsetzen gründlich. Dann heben Sie das Pflanzloch aus und füllen etwas Kompost ein. Die eingesetzte Pflanze sollte auf dem gleichen Niveau in der Erde sitzen wie vorher im Topf. Rundherum sollten Sie nun alles fest andrücken und gut angießen.

Ausgepflanzt wird vorzugsweise im Frühjahr bei bedecktem Himmel. An sonnigen Tagen wird abends gepflanzt, damit den Jungpflanzen von der Frische und Feuchtigkeit der Nacht profitieren.

Oft kann man sich zu Beginn nicht vorstellen, dass aus den kleinen Pflänzchen mal große Stauden werden. Empfehlungen für den richtigen Pflanzabstand finden Sie in der Übersicht im Serviceteil auf Seite 152.

# Gesund durch Mischen und Wechseln

Die Idee der Mischkultur wurde von klugen Gärtnerinnen und Gärtnern der Natur abgeschaut. Die Natur ist immer bestrebt, jeden Lebensraum mit einer möglichst großen Artenvielfalt zu überziehen. Durch diese bunte Mischung werden Nützlinge gefördert und Krankheiten in Schach gehalten. Dagegen sind Monokulturen ein Schlaraffenland für Krankheiten und Schädlinge.

Die bunte Partnerschaft im Beet kann verschiedene Zwecke verfolgen: die Erträge zu erhöhen, das Aroma zu verbessern oder Schädlinge und Krankheiten abzuwehren.

## „Multikulti" für den Garten

Die Wirkstoffe für die gegenseitige Förderung können auf verschiedensten Wegen zu der Nachbarpflanze gelangen: durch Wurzelausscheidungen, über die Luft durch Duftmoleküle aus Blättern und Blüten oder indem sie durch Regen von den Blättern abgewaschen werden und in den Boden gelangen.

Mischkulturen werden in der Regel in Reihen angelegt. Manchmal genügt es, innerhalb eines Beetes oder einer Reihe vereinzelte Fremdkräuter unterzubringen. So verbessert Kamille in einer Möhrenreihe

ischkultur, wie beispielsweise die Kombination aus Ringelblume und ornblume, vergrößert den Ernteerfolg und lockt Bienen in den Garten.

deren Ertrag und Dill fördert die Keimung der benachbarten Samenkörner.

Allerdings gibt es ein paar Dinge zu beachten, damit die „Wohngemeinschaften" auf dem Kräuterbeet funktionieren. Es genügt nicht, wenn sich zwei Pflanzen zwar hinsichtlich der Schädlingsvertreibung positiv beeinflussen, aber ganz unterschiedliche Bedürfnisse hinsichtlich Nährstoffbedarf, pH-Wert, Wasserhaushalt und Licht haben. Beispielsweise gehören Thymian und Salbei eigentlich nicht neben den Kohl, auch wenn beide den Kohlweißling irritieren und an der Eiablage hindern. Denn Kohl ist ein absoluter Starkzehrer, der ein nährstoffreiches Beet benötigt. In dieser stickstoffreichen Erde können die Kräuter ihre Aromen nur schlecht entwickeln und werden krankheitsanfällig. Aber in diesem Fall geht es ja in erster Linie um den Schutz des Kohls, Thymian und Salbei dienen nur als kurzlebige Schädlingspolizei.

## Auf gute Nachbarschaft

Besonders bei den Heilkräutern sind sehr viele Helferpflanzen vertreten, die Sie daher gut als Mischkulturpflanzen einsetzen können. Aber das ist eigentlich nicht überraschend, denn wenn sie mit ihren Wirkstoffen uns Menschen helfen, warum sollen sie dann nicht auch innerhalb der Pflanzenwelt hilfreich sein? Beispiele sind Brennnessel, Kamille und Schafgarbe, die die Gesundheit

Auch optisch sind diese „Wohngemeinschaften" ein Genuss: Malve und Königskerze stärken sich hier gegenseitig in ihrer Leuchtkraft.

## PERFEKT FÜR DIE MISCHKULTUR: KNOBLAUCH

Knoblauch (*Allium sativum*) ist nicht nur ein vorzügliches Gewürz, sondern auch wertvolle Medizin. Er wirkt verdauungsfördernd und vorbeugend gegen Arteriosklerose, senkt den Blutdruck und die Cholesterinwerte. Knoblauch ist zwar eine mehrjährige Pflanze, wird aber nur einjährig kultiviert. Er bevorzugt tiefgründige, humose Böden. Der Standort sollte sonnig und warm sein. Weder zu viel Düngung noch zu viel Feuchtigkeit werden vertragen. Bei der Vermehrung benutzt man entweder die Knoblauchzehen (Nebenzwiebeln) oder die so genannten „Brutzwiebeln", die aus den Blüten entstehen. Die einfachere Methode ist der Zehenanbau: Knoblauchzehen werden entweder im September oder im Frühjahr (März / April) 5 cm tief gesteckt. Wenn im Sommer das obere Drittel des Laubes abgestorben ist, beginnt die Ernte. Knoblauch ist eine gute Mischkulturpflanze, die vor allem die Gesundheit von pilzanfälligen Nachbarn steigert. Auch für Spritzbrühen (siehe Seite 150 / 151) ist er sehr gut geeignet.

von benachbarten Gartenpflanzen und Gartenboden ebenso fördern wie unser Wohlbefinden.

Bärlauch, Knoblauch, Zwiebel und Lavendel enthalten pilzwidrige Verbindungen. In ihrer Nachbarschaft fühlen sich Pflanzen wohl, die anfällig gegen Mehltau, Grauschimmel und Rostpilze sind. Besonders hilfreich sind Mischkulturen mit Sticksoffsammlern (Leguminosen), etwa Bohnen, Erbsen, Lupinen oder Klee. Vor allem nährstoffbedürftige Wurzelpflanzen wie Engelwurz oder Baldrian profitieren davon durch einen Ertragszuwachs.

Mit geschickten Pflanzenkombinationen lassen sich sogar die Inhaltsstoffe der Nachbarpflanzen erhöhen: In Bulgarien wird oft Knoblauch unter die Rosen gepflanzt, um die Menge des kostbaren Rosenöls zu erhöhen. Senf kann den Carotin-Gehalt von Erbsen erhöhen. Die Brennnessel steigert als Mischkulturpflanze bei aromatischen Kräutern den Gehalt an ätherischem Öl. Da man Brennnesseln nicht unbedingt als Mischkulturpflanze im Garten haben möchte, kann man die Mischkultur auch durch regelmäßige Spritzungen mit Brennnesseltee ersetzen (siehe Seite 78).

### Aber es klappt nicht mit jedem Nachbarn

Es gibt auch Nachbarschaften, die sich in der Entwicklung behindern oder sich sogar verdrängen. Solche Pflanzen sind Beifuß, Eberraute, Liebstöckel und Wermut. In ihrem „Dunstkreis" können sich Nachbarpflanzen nicht optimal entwickeln, weshalb sie einen Platz für sich allein bekommen sollten. Der Abstand zu den Nachbarpflanzen sollte statt der üblichen 40 cm mindestens 80 cm betragen. Allerding gilt dies nicht für alle Nachbarpflanzen. Erfahrungsgemäß verträgt sich der Wermut beispielsweise sehr gut mit Salbei oder Johannisbeeren.

Auch Gartenkresse wird nicht von allen Pflanzen als Nachbar gewünscht. So bildet z. B. der Kopfsalat in ihrer Nähe keine richtigen Köpfe aus und beginnt früh zu schossen. Auch Gurken mögen nicht in der Nähe von Kresse stehen. Ansonsten sind die meisten Kräuter angenehme Mischkulturpartner.

Bunt gemischte Beete halten Krankheiten und Schädlinge in Schach.

## Fruchtwechsel regelt das Nacheinander

Die meisten Kulturpflanzen können nicht Jahr für Jahr am selben Platz stehen. Der Boden wird dadurch einseitig ausgelaugt und die Gefahr von Infektionen und Schädlingsbefall steigt. Der ständige Wechsel der Kulturen auf den Feldern war bis vor einigen Jahrzehnten noch grundlegender Bestandteil der Landwirtschaft. Dann begann der Siegeszug der Monokulturen mit all ihren negativen Auswirkungen auf die Umwelt.

Der Fruchtwechsel regelt das zeitliche Aufeinanderfolgen verschiedener Pflanzengenerationen. Es wird darauf geachtet, welche Pflanzen nacheinander auf den Beeten stehen. Der Wechsel muss im Gegensatz zum Gemüseanbau nicht zwangsläufig jährlich stattfinden, denn viele mehrjährige Kräuterkulturen stehen drei oder vier Jahre am gleichen Platz. Wird dieses Beet dann geräumt, darf nicht wieder die gleiche Pflanze folgen.

Fruchtwechsel erfordert in großen Gärten eine genaue Planung. Anhand eines Gartenplanes wird festgehalten, wo und wann welche Kräuter angebaut wurden.

### Erst Starkzehrer, dann Schwachzehrer

Beim Fruchtwechsel wird zum einen der unterschiedliche Nährstoffbedarf der einzel-

## Alles Gute! – Wohlfahrtswirkungen von Kräutern

| Wirkung | Pflanzen* |
|---|---|
| ertragssteigernd, wachstumsfördernd | Basilikum, Dost, Kamille, Malve, Schafgarbe, Thymian |
| aromaverbessernd | Basilikum (Tomaten), Dill (Gurken), Kerbel (Salat), Kresse (Radieschen), Knoblauch (Erdbeeren), Kümmel (Kartoffeln), Petersilie (Tomaten) |
| fördert die Keimung | Dill, Ehrenpreis |
| gegen Pilzerkrankungen | Bärlauch, Knoblauch, Zwiebel, Basilikum (Gurken), Meerrettich (Kartoffeln), Salbei (Kartoffeln), Taubnessel (Kartoffeln), Wermut (Johannisbeeren) |
| produktionssteigernd für ätherische Öle | Brennnessel, Lavendel, Knoblauch |
| vertreibt Kohlweißling | Borretsch, Dill, Eberraute, Pfefferminze, Rosmarin, Salbei, Thymian, Ysop |
| vertreibt Fadenwürmer (Nematoden) | Ringelblume, Purpur-Sonnenhut, Studentenblume |
| vertreibt Blattläuse | Bohnenkraut (Bohnen), Kerbel (Salat), Kapuzinerkresse (zieht Läuse an), Lavendel (Rose), Tulsi-Basilikum, Wermut (zieht Läuse an) |
| vertreibt Möhrenfliege | Schnittlauch, Zwiebel |

* In Klammern finden Sie die Pflanzen, die von der positiven Wirkung der Kräuter ganz besonders profitieren.

nen Pflanzen berücksichtigt. So wird zuerst ein Starkzehrer (z. B. Baldrian oder Meerrettich) mit hohem Nährstoffbedarf auf das Beet gesetzt; beim Wechsel der Kultur folgt dann ein Schwachzehrer (z. B. Ringelblume oder Schafgarbe). Er kommt gut mit dem aus, was der Vorgänger an Nährstoffen übrig gelassen hat. Nehmen Sie zu der Einteilung der Kräuter bezüglich ihres Nährstoffbedarfes die Tabellen auf Seite 44 und 45 zur Hilfe.

### Krankheiten im Keim ersticken

Beim Fruchtwechsel geht es auch darum, Krankheiten und Schädlinge in Schach zu halten. Pflanzen, die gegen die gleichen Krankheiten oder Schädlinge anfällig sind, sollten nicht in zeitlicher Folge auf demselben Beet stehen. Häufig gehören solche Pflanzen einer Familie an. So sind z. B. die Malvengewächse Stockrose und Malve sehr anfällig gegen die Pilzerkrankung Malvenrost und ebenso werden beide gerne von Erdflöhen angeknabbert. Entwicklungszyklen der Krankheiten und Schädlinge werden am ehesten unterbrochen, wenn dieselbe Pflanze (und nahe Verwandte aus derselben Familie) erst nach drei Jahren wieder an diesen Platz kommt. Deshalb ist es sinnvoll, Malvengewächse nicht unmittelbar nacheinander anzubauen, und auch bei anderen Pflanzenfamilien sollten Sie auf einen Wechsel achten (S. 66).

Manche Kräuter sind mit sich selbst besonders unverträglich. Die Unverträglichkeit kann verschiedene Ursachen haben: negativ wirkende Wurzelausscheidungen, einseitiger Nährstoffentzug aus dem Boden oder die Übertragbarkeit von Krankheiten und Schädlingen. Deshalb sollten Sie bei einigen Kräutern länger als drei Jahre pausieren. Bei Baldrian, Dost, Fenchel, Petersilie, Johanniskraut, Liebstöckel, Pfefferminze und Thymian ist eine fünfjährige Anbaupause nötig, bevor sie wieder an dieselbe Stelle gepflanzt werden können.

Malvengewächse wie Stockrose oder Wilde Malve werden gerne von den gleichen Schädlingen und Krankheiten befallen. Deshalb werden sie nicht nacheinander auf dem gleichen Beet angebaut.

Rechte Seite: Pflanzen Sie in Ihrem Garten einige „Läusefänger" wie den Wermut, von ihnen werden dann auch die Nützlinge angelockt.

## Welches Kraut, welche Pflanzenfamilie?

| Korbblütler | Doldenblütler | Lippenblütler | Kreuzblütler | Rosengewächse |
|---|---|---|---|---|
| Alant | Anis | Basilikum | Brunnenkresse | Blutwurz |
| Arnika | Bibernelle | Bohnenkraut | Gartenkresse | Brombeere |
| Beifuß | Dill | Dost | Hirtentäschel | Erdbeere |
| Estragon | Engelwurz | Indianernessel | Knoblauchsrauke | Frauenmantel |
| Goldrute | Fenchel | Majoran | Meerrettich | Gänsefingerkraut |
| Kamille | Kerbel | Minzen | Rucola | Himbeere |
| Kornblume | Koriander | Quendel | Senf | Mädesüß |
| Löwenzahn | Kümmel | Rosmarin | | Odermennig |
| Ringelblume | Liebstöckel | Salbei | | Pimpinelle |
| Purpur-Sonnenhut | Petersilie | Taubnessel | | Rose |
| Schafgarbe | | Thymian | | |
| Wermut | | Zitronenmelisse | | |

# „Alles bio" beim Pflanzenschutz

Kräuter stehen den Wildpflanzen noch sehr nahe – das macht sie widerstandsfähiger und robuster. Einen Kräutergarten ohne Krankheiten und Schädlinge kann es allerdings nicht geben, denn sie gehören zum Naturkreislauf. Es gibt jedoch genügend Möglichkeiten, den Schaden in Grenzen zu halten.

An erster Stelle stehen unterstützende und stärkende Maßnahmen, die es den Pflanzen erleichtern, sich selbst zur Wehr zu setzen. Wie Sie bereits erfahren haben, gehören dazu richtige Standortwahl, gute Bodenpflege und Düngung sowie Mischkultur und Fruchtwechsel.

Im Naturkreislauf erfüllt jedes Lebewesen eine wichtige Funktion. Die Einteilung in „Schädlinge" und „Nützlinge" wurde vom Menschen vorgenommen. Schädlinge und Krankheiten haben die Aufgabe, das Schwache, das Alternde oder schlecht Angepasste abzubauen. Bei gesunden Pflanzen halten sie sich in Grenzen. Das Auftreten von Krankheiten und Schädlingen zeigt uns oftmals eigene Anbaufehler oder ungünstige Witterungsbedingungen an.

## Nützliches für Nützlinge

Natürlich vorkommende Nützlinge zu fördern, hat im biologischen Kräuteranbau einen besonderen Stellenwert. Ein intaktes Ökosystem wirkt bei Schädlingsbefall selbstregulierend: In extremen Blattlausjah-

## PERFEKT FÜR BAUERNGÄRTEN: STOCKROSE

Die zu den Malvengewächsen gehörende Stockrose (Alcea rosea) ist eine beliebte Zierpflanze in Bauerngärten. Sie kann eine imposante Höhe von 2,50 m erreichen. Es gibt rosarot bis purpurschwarz blühende Sorten. Die großen Blüten enthalten Schleime, weshalb sie zur Linderung von Reizhusten und zum Gurgeln bei Halsentzündungen verwendet werden. Sie werden ab Juli täglich geerntet und rasch getrocknet.

Stockrosen benötigen einen tiefgründigen, nahrhaften Boden ohne Staunässe. Sie bevorzugen einen warmen, sonnigen Standort. Das Saatgut gehört zu den Dunkelkeimern. Als Zweijährige wird sie im Sommer gesät, im darauffolgenden Jahr kommt sie zur Blüte. Bei günstigem Standort kann sie mehrere Jahre alt werden. Die Pflanzen sind sehr anfällig gegen Erdflohbefall, die die Blätter siebartig durchlöchern und verschiedene Pilzkrankheiten wie Malvenrost und Brennfleckenpilz. Sie können aber durch frühzeitige Spritzungen mit

Acker-Schachtelhalm gestärkt werden. Brennfleckenpilze befallen auch gerne das Saatgut, weshalb nur von gesunden Pflanzen Samen gewonnen wird.

ren werden vor allem Holunder, Rosen und Salbei gerne von den kleinen Saugern belästigt. Ein plötzliches massenhaftes Auftreten von Marienkäfern und Florfliegenlarven bereitet dem Spuk ein überraschendes und schnelles Ende. Bei dieser Methode muss man allerdings erst einen Befall zulassen, bis die Regulation durch Nützlinge greift.

Damit die Selbstregulation in Ihrem Garten funktioniert, sollten Sie die Gartennützlinge durch verschiedene Maßnahmen fördern. Sie können beispielsweise Reisig- und Steinhaufen aufschichten und einige „wilde Ecken“ belassen, Nisthilfen für Insekten und Vögel anbringen sowie Hecken pflanzen oder Blühstreifen aussäen.

Zu den Nützlingen zählen Igel, Spitzmäuse, Kröten, Eidechsen und Blindschleichen, die unter anderem Schnecken und deren Eier fressen. Nützliche Insekten wie Florfliegen, Marienkäfer, Schlupfwespen, Gallmücken und Schwebfliegen räumen unter den Blattläusen mächtig auf.

Eine Marienkäferlarve oder eine Florfliegenlarve frisst in ihrer dreiwöchigen Entwicklungszeit 400–600 Blattläuse!

Mit der Natur gärtnern heißt auch Teilen lernen und der Natur einen Teil zurückgeben.

### Nicht hart durchgreifen!

Der Einsatz von Chemie im Heilpflanzengarten wäre widersinnig, da diese Pflanzen ja zum Heilen oder Verzehren eingesetzt werden sollen. Aber auch der biologische Pflanzenschutz kann negativ in das ökologische Gleichgewicht eingreifen, denn nicht alle pflanzlichen Bio-Spritzmittel sind ungiftig. Der Vorteil von „Bio-Giften“ gegenüber chemischen Giften ist ihre schnelle biologische Abbaubarkeit. Trotzdem sollten Sie den Einsatz gut überlegen, denn die Nützlinge erholen sich von solchen Eingriffen wesentlich langsamer als die sich schnell entwickelnden Schädlinge. Deshalb sollten Sie Notwehr mit „Bio-Giften" nur als allerletzte Möglichkeit nutzen.

Es ist natürlich nicht so, dass in unseren Gärten die Natur immer alles von selbst reguliert. Oftmals sind die Gärten auch zu klein, um genügend Lebensraum für viele Nützlinge anbieten zu können. Was tun, wenn die Selbstregulierung nicht gelingt? Dann benötigen kranke und befallene Gartenkräuter die Pflege und den Schutz durch uns. Dies sollte in erster Linie durch vorbeugende und stärkende Spritzungen geschehen, die das Abwehrsystem der Pflanzen stärken. Ausführliche Rezepte für den biologischen Pflanzenschutz sowie Bezugsadressen für Nützlinge finden Sie im Serviceteil ab Seite 150.

echts: Einen Unterschlupf für Insekten önnen Sie fertig als „Insektenhotel" aufen oder - und das finde ich charmaner - selbst etwas kreieren.

nten: Auch Singvögel wie die Blaumeise ind gern gesehene Gartengäste. Sie angen zur Aufzucht ihrer Jungen riesige engen an Raupen und Insekten.

**Pilze im Heilpflanzengarten**

Pilzerkrankungen kommen auch im Kräutergarten vor. Häufig anzutreffen sind Blattfleckenkrankheiten, Rostpilze und Mehltau. Pilze lieben ein feucht-warmes Klima und bevorzugen ein Pflanzengewebe, das durch übermäßige Stickstoffdüngung weich und schwammig ist. Gegen Pilzkrankheiten anfällige Pflanzen dürfen nicht zu schattig und nicht zu dicht stehen. Achten Sie deshalb auf ausreichende Pflanzabstände! Gegen alle Pilzerkrankungen kann vorbeugend mit Schachtelhalm-Präparaten oder Algen-Extrakten gespritzt werden. Stärker wirksam sind Schwefelpräparate. Fungizid wirken auch Spritzmittel aus Knoblauch, Zwiebel und Bärlauch sowie Lavendel. Ein einfaches und preisgünstig herzustellendes Pilzspritzmittel können Sie sich aus vier Teilen Wasser und einem Teil fettarmer Milch herstellen. Es hilft auch gegen Blattläuse.

Bei starkem Pilzbefall entfernen Sie vor der Spritzung alle sichtbar erkrankten Triebe und Blätter. Nicht verholzende Pflanzen, wie Minze oder Zitronenmelisse, können Sie bei Befall radikal zurückschneiden. Sie treiben dann meist wieder gesund aus.

**Umfallkrankheiten** an Keimlingen werden durch Bodenpilze verursacht. Es bilden sich eingeschnürte Stellen an den Stängeln, die fadenförmig eintrocknen und die Pflanzen zum Umfallen bringen. Dieses Problem taucht vor allem bei der Vorkultur in Saatschalen auf. Zu dichtes Aussäen und zu viel Feuchtigkeit begünstigen die verantwortli-

Linke Seite: Hier waren Erdflöhe am Werk. Um den Schädlingen das Leben schwer zu machen, werden Malvengewächse jedes Jahr an einer anderen Stelle im Garten ausgesät.

Königskerzen sind leider die Leibspeise des Graubestäubten Wollkraut-Mönchs. Die Raupe sieht wunderschön aus, der Nachtfalter dann eher unscheinbar.

chen Pilze. Das Bestäuben der Aussaaterde mit Steinmehl wirkt vorbeugend.

**Rostpilze** verursachen rostfarbige orange Flecken auf den Blättern, vor allem auf den Blattunterseiten. Besonders anfällig sind Malven, Pfefferminze, Stockrosen und Wermut. Aber auch Rosen, Zitronenmelisse und Eibisch können befallen werden. Rostpilze sind sehr schwer in Griff zu bekommen. Rückschnitt und vorbeugende Spritzungen des Neuaustriebes mit Schachtelhalm sind mögliche Maßnahmen.

**Echter Mehltau** und **Falscher Mehltau** gehören auch bei Heilkräutern zu den verbreiteten Pilzkrankheiten. Baldrian, Dill, Dost, Fingerhut, Indianernessel, Kümmel, Rosen, Ringelblume, Minzen, Salbei und Zitronenmelisse sind dafür besonders anfällig. Die befallenen Organe sehen wie mit Mehl überpudert aus. Der Echte Mehltau entwickelt sich bei Wärme und Trockenheit; der Falsche Mehltau vorwiegend in nassen, kühlen Phasen. Beim Falschen Mehltau wächst der grauweiße Schimmelrasen nur auf der Blattunterseite; blattoberseits entstehen gelbe Verfärbungen.

**Blattfleckenkrankheiten** werden ebenfalls durch Pilze verursacht. Sie sind häufig zu beobachten bei Eibisch, Liebstöckel, Petersilie, Minze, Malve, Stockrose und Zitronenmelisse. Die Flecken auf den Blättern trocknen ein und lassen ganze Pflanzenteile absterben. Der Pilz überwintert gerne auf dem Saatgut, weshalb Sie nur von gesunden Beständen Samen gewinnen sollten. Hilfreich ist eine Saatbeize vor dem Aussäen. Das Saatgut wird 25 Minuten in lauwarmen Kamillentee eingelegt.

### Tierischer Appetit

**Läuse** gehören zu den häufigsten Gartenschädlingen. Sie finden sich oft an Baldrian, Kamille, Liebstöckel, Salbei, Rosen und Wermut. Über 80 Läusearten, meist Blattläuse, sind an Heilpflanzen zugange. Die Läuse entziehen den Pflanzen durch ihre Saugtätigkeit Nährstoffe und beeinträchtigen somit Wachstum und Wirkstoffbildung.

Läuse weisen oft auf Probleme im Wurzelbereich der Pflanze hin: ist der Boden zu verdichtet, fehlen Wasser oder Dünger, steht die Pflanze am falschen Standort?

Manchmal kann das Lockern der Erde im Wurzelbereich das Problem schon lösen. Bei Topfpflanzen lässt sich das Läuseproblem häufig durch Umpflanzen regulieren.

Falls die Nützlinge dem Spuk kein Ende bereiten, gibt es zahlreiche pflanzliche Hilfsmittel wie Wermut oder Rainfarn (siehe Tabelle auf Seite 150 / 151). Häufig eingesetzt wird auch Schmierseife (20 g in 1 l Wasser), die den Läusen das Leben schwer macht. Zu Beginn des Befalls hilft manchmal schon das Abspritzen der Läuse mit einem scharfen Wasserstrahl.

**Erdflöhe** sind kleine Käfer, die ihren Namen der Fähigkeit verdanken, wie kleine Flöhe zu springen. Sie lieben die schleimhaltigen Malvengewächse (Malve, Stockrose, Eibisch) und die scharf schmeckenden Kreuzblütler (Rucola, Kresse, Meerrettich). Sie sind je nach Art schillernd schwarz oder gelbgestreift. Erdflohbefall zeigt Fehler bei der Bodenpflege an, weil sie sich gerne auf verkrusteten, trockenen Böden aufhalten. Hier hilft Hacken, Mulchen und regelmäßiges Gießen. Notfalls besprühen Sie Boden und Pflanze mit einem selbst hergestellten Spritzmittel aus Rainfarn. Auch das Bestäuben der Blätter mit Steinmehl oder Algenkalk kann hilfreich sein.

**Schmetterlinge** erfreuen jeden Kräutergärtner. Aber ohne die gefräßigen Raupen gäbe es die vielen Falter nicht. Schmetterlingsraupen schädigen Königskerze, Lavendel, Malve, Pfefferminze und Wermut. Raupen werden im biologischen Anbau durch Spritz-Präparate mit dem Bakterium Bacillus thuringiensis bekämpft. Für Menschen ist dieser Erreger nicht schädlich.

**Nematoden** sind winzige Fadenwürmer. Sie können bei Wurzelkräutern wie Engelwurz, aber auch bei Fenchel oder Petersilie Schäden verursachen. Hier helfen Mischkulturpartner, wie Ringelblume und Studentenblume (*Tagetes*), die mit ihren Wurzelausdünstungen Nematoden vertreiben.

**Weiße Fliegen** befallen vor allem Gewächshauskulturen und Topfpflanzen im Haus oder Wintergarten. An den klebrigen Ausscheidungen der Weißen Fliege siedeln sich gerne Rußtaupilze an. Mit eingesetzten Nützlingen (Schlupfwespen) lassen sich gute Erfolge erzielen. Solche Nützlinge für Gewächshaus oder Wintergarten können per Post bestellt werden. Bezugsadressen finden Sie im Serviceteil Seite 153. Vorbeugend hilft auch gutes Lüften und das Aufhängen von gelben Leimtafeln.

Nur wenn durch den Schädlingsbefall mit Insekten der gesamte Bestand eines Heilkrautes gefährdet sein sollte, ist der Einsatz von natürlichem Pyrethrum gerechtfertigt. Denn dadurch werden auch die Nützlinge geschädigt. Zum Schutz der Bienen sollten solche Mittel abends gespritzt werden. Weitere, etwas schwächer wirkende natürliche Insektizide werden aus dem Indischen Neembaum und dem Quassia-Bitterholz gewonnen.

**Wühlmäuse** schädigen vor allem Kräuter mit saftigen Wurzeln (z. B. Eibisch, Fenchel). Hier können jagderfahrene Katzen Abhilfe leisten. Mäßige Erfolge erzielt man durch Abwehrpflanzen (z. B. Knoblauch, Gartenwolfsmilch, Kaiserkrone). Etwas wirksamer sind stark riechende Jauchen, die man in die Gänge gießt (Holunder, Knoblauch, Walnuss, Thuja). Auch in die Gänge gestopfte Menschen-, Hunde- oder Katzenhaare wirken abschreckend. Die verschiedenen Vertreibungsmethoden durch Schallwellen machen erfahrungsgemäß keinen großen Eindruck auf Wühlmäuse.

Eine Jauche aus Holunderblättern und Knoblauch wird in die Wühlmausgänge gegossen.

# Unbeliebte Garten-Gourmets

Kaum ein Gärtner, der nicht eine Geschichte über die gefräßige Nacktschnecke parat hat. Der größte Schaden wird durch die eingeschleppte Spanische Wegschnecke hervorgerufen. Aber auch verschiedene heimische Acker-Schnecken sind in unseren Gärten aktiv. Gehäuseschnecken richten dagegen kaum Schaden an.

Vor allem nachts gehen die schleimigen Gesellen auf Nahrungssuche. Sie haben einen unglaublichen Geruchssinn, mit dem sie ihr Lieblingsfutter auf 50 m Entfernung riechen können! Außerdem besitzen sie ein Langzeitgedächtnis für den Fundort des Leckerbissens und kehren Nacht für Nacht so lange zurück, bis nur noch ein Gerippe übrig ist.

## Kein Gemetzel, sondern Verbannung

In der Gartenliteratur früherer Zeiten stand der Krieg gegen die Schnecken im Vordergrund. Die Bekämpfungsmethoden waren grausam: Zerschneiden, mit kochendem Wasser überbrühen und anschließend verjauchen. Oder gar mit Salz überstreuen. Die meisten dieser unappetitlichen Methoden waren zudem nicht besonders wirkungsvoll, denn die toten Schnecken und die im Garten ausgebrachte Schneckenjauche lockten weitere kannibalisch veranlagte Artgenossen aus weiter Ferne an. Eine ebenfalls beliebte Methode war das Ertränken in Bierfallen. Zwar ertrinken darin einige Schnecken, aber der Bierduft macht bei Schnecken richtig Partylaune und lockt unzählige neue Zecher in den Garten.

In der Kräutermanufaktur, die ich 20 Jahre lang betrieb, entschied ich mich dazu, die Schnecken eimerweise abzusammeln und wegzutragen. Das Absammeln ist eine zeitraubende unangenehme Arbeit, aber langfristig erfolgreich! In den Gartenwegen ausgelegte alte Bretter sind dabei sehr hilfreich, da sich die Schnecken gerne darunter verkriechen. Um das Absammeln der Schnecken zu erleichtern, können an bestimmten Plätzen zudem «Leckerbissen» serviert werden. Dazu gehören beispielsweise Tagetes, Kresse oder Gelbsenf. Anstatt der «Opferpflanzen» gibt es auch andere zuverlässige Lockmittel wie Bier, Trockenfutter oder Weizenkleie. Sie müssen die gesammelten Schnecken jedoch fernab der gefährdeten Kulturen aussetzen: Erfahrungen haben gezeigt, dass Schnecken die weniger als 100 Meter weggetragen wurden, in ihre geliebte Heimat zurückfanden.

Nacktschnecken haben eine besondere Vorliebe für bestimmte Kräuter: Basilikum, Kresse, Marienblatt, Mariendistel, Petersilie, Tagetes, Thymian und Sonnenblumen. In schneckenreichen Gärten sollten Sie Kräuter

Besondere Pflanzen schütze ich mit Schneckenzäunen. In einer Nacht können Schnecken bis zu 25 m Wegstrecke zurücklegen.

favorisieren, die nicht zu ihren Leibgerichten zählen: Beifuß, Berg-Bohnenkraut, Borretsch, Dost (Oregano), Eberraute, Frauenmantel, Kapuzinerkresse, Kerbel, Königskerze, Lavendel, Kalifornischer Mohn, Kornblume, Malve, Petersilie, Pfefferminze, Ringelblume, Rosmarin, Salbei, Schafgarbe, Ysop, Wermut und Weinraute.

## Einreise verhindern

Eine beliebte Methode ist das Abwehren durch Barrieren aus Sägemehl, Holzasche, Kalk, Steinmehl oder Sand. Diese saugfähigen Stoffe strapazieren das Schleimreservoir der Schnecken stark. Das ist wichtig, weil die Schnecken immer den Rückzug in ihr Versteck einkalkulieren. Die Barrieren werden um die Beete gestreut und müssen mindestens 20 cm breit sein. Hilfreich sind diese Barrieren leider nur bei trockenem Wetter.

Nachweislich wirkungsvoll sind Schneckenzäune mit nach außen umgebogenen Blechen. Die abgewinkelten Kanten können die gefräßigen Gesellen nicht überwinden. Innerhalb der Umzäunung müssen aber unbedingt alle Schnecken abgesammelt werden. Allerdings ist diese Lösung bei größeren Gärten nicht gerade billig.

Als Schneckenfänger bewährt haben sich auch Laufenten. Die putzigen Tiere benötigen allerdings eine Einzäunung, ein Häuschen und zur artgerechten Haltung einen kleinen Teich.

Im Notfall hilft das im biologischen Landbau zugelassene „Bio-Schneckenkorn“ (siehe Serviceteil Seite 153). Es funktioniert auf Eisenphosphat-Basis und ist für andere Tiere ungiftig. In der Erde wird es zu den Pflanzennährstoffen Eisen und Phosphat abgebaut. Ebenfalls sehr wirksam ist das Ausbringen von speziellen Nematoden, die gegen Nacktschnecken eingesetzt werden. Auch eine schneckenabweisende (ökologische) Farbe, mit der Beetumrandungen oder Pflanzgefäße angestrichen werden können, hat sich als sehr wirksam herausgestellt.

## Selbst ist das Kraut

Da Pflanzen fest verwurzelt sind, können sie bei Gefahr nicht davonlaufen. Sie müssen sich an Ort und Stelle zur Wehr setzen. Deshalb bilden sie Abwehrstoffe aus, um die fressenden und saugenden Insekten abzuschrecken oder um krank machende Pilze abzutöten. Oft sind es die duftenden Kräuter, mit ihrem hohen Gehalt an ätherischen Ölen die Insekten vertreiben oder so irritieren, dass sie die Wirtspflanze nicht entdecken.

Aus solchen „Schutzkräutern" lassen sich pflanzliche Spritzbrühen herstellen, die anderen Pflanzen helfen können. Sie werden durch die verschiedenen Zubereitungsformen unterschieden:

- Jauche, die düngt und die Abwehrkräfte stärkt,
- Brühe, die Krankheiten und Schädlinge vertreibt,
- Tee, der die Gesundheit der Heilpflanzen stärkt und die Wirkstoffe erhöht.

Die meisten Kräuterspritzmittel wirken vorbeugend, weshalb ein mehrfaches Wiederholen der Behandlung den Erfolg deutlich steigert.

### Jauche zum Düngen und Stärken

Für die Jaucheherstellung benötigen Sie 1 kg frische oder 150–200 g getrocknete Pflanzen. Geben Sie diese in einen großen Steinguttopf oder in ein Holz- oder Kunststofffass. Das Ganze übergießen Sie mit 10 l Wasser und lassen es an einem warmen Platz zwei bis drei Wochen stehen, bis die Gärung abgeschlossen ist. Die Jauche ist fertig, wenn sie nicht mehr schäumt. Unangenehme Gerüche lassen sich durch das Einrühren von ein paar Handvoll Steinmehl oder Bentonit etwas mildern.

Wenn die Gärung abgeschlossen ist, werden die Jauchen verdünnt im Wurzelbereich der Pflanzen ausgebracht. Ein Teil Jauche wird mit zehn Teilen Wasser aufgegossen. Jauche sollten Sie nicht direkt über die Blätter gießen, denn es besteht „Verbrennungsgefahr". Jauchen wirken durch ihren Stickstoffgehalt wie Flüssigdünger. Sie regen das Bodenleben an, fördern das Wachstum und stärken die Abwehrkräfte der Pflanzen.

Jauchen aus Brennnessel steigern die Frosthärte und Widerstandskraft der Pflanzen.

ühren Sie täglich um, das fördert den Gärungsprozess und die Jauche ird schneller fertig.

Die wichtigsten „Jauchepflanzen" für den Kräuteranbau sind Brennnessel, Beinwell und Löwenzahn. Sie steigern Frosthärte und Widerstandskraft der damit versorgten Pflanzen. Unverdünnt über den Kompost gebraust, fördern sie den Rotteprozess. Beinwell-Jauche ist außergewöhnlich kalireich, eignet sich also vorzüglich zur Düngung von Wurzelkräutern!

## Brühen werden gekocht

Für Brühen nehmen Sie 1 kg frische oder 150-200 g getrocknete Pflanzen und weichen sie 24 Stunden in 10 l Wasser ein. Dann werden sie bei schwacher Hitze 20–30 Minuten geköchelt. Zur besseren Handhabung bereiten Sie die Kräuterbrühe mit 2 l Wasser und füllen später auf 10 l auf. Die abgekühlte Brühe wird durch ein Feinsieb abgegossen, damit sich die Düsen der Druckspritze nicht verstopfen. Typische Pflanzen für Brühen sind Schachtelhalm und Quecke (gegen Pilze), Rhabarberblätter (gegen Läuse), Rainfarn (gegen Läuse und kleine Insekten), Wermut (gegen Läuse), Adler- und Wurmfarn (gegen Läuse) und Quassiaholz (gegen alle Insekten). Brühen werden je nach Einsatzgebiet unverdünnt oder 1:5 bis 1:10 verdünnt (siehe Tabelle Im Serviceteil).

Die wichtigste Brühe im Kräuteranbau ist die aus Acker-Schachtelhalm. Sie wird im Verhältnis 1:5 verdünnt auf die Pflanzen versprüht. Einmal pro Woche vorbeugend angewendet, wirkt die Brühe vorbeugend gegen Pilzkrankheiten. Bei akutem Befall ist die Wirkung ungenügend. Ebenfalls verwendbar sind die kieselsäurehaltigen Wurzelausläufer der Quecke.

## Einladung zum Tee

Für eine Teespritzung benötigen Sie 150–200 g frische oder 30 g getrocknete Kräuter auf 10 l Wasser. Sie werden mit kochendem Wasser übergossen, 15 Minuten ziehen gelassen und abgesiebt. Es ist sinnvoll, die Tees mit einer kleineren Wassermenge als angegeben anzusetzen und dann später auf die gewünschte Menge aufzufüllen. Intensives Rühren, während die Kräuter im Wasser ausziehen, erleichtert das Herauslösen der Wirkstoffe. Interessante Teespritzungen für den Heilpflanzengarten sind Brennnessel und Lavendel, da sie die Produktion von ätherischen Ölen anregen. So werden die behandelten Gewürz- und Teepflanzen noch aromareicher.

Beim Besprühen der Pflanzen mit der Druckspritze ist darauf zu achten, dass auch die Unterseite der Blätter benetzt wird. Außerdem sollten Sie nur vormittags bei bedecktem Himmel spritzen, damit es keine Verbrennungen gibt und damit die Spritzbrühe abtrocknen kann.

Teespritzungen werden in der Regel unverdünnt angewendet und sollten ein bis zwei Mal wöchentlich durchgeführt werden. Teekuren für Kräuter können sehr gut ergänzt werden mit den unten beschriebenen Aromaspritzungen. Ausführliche Rezepturen für Teeanwendungen finden Sie im Serviceteil auf Seite 150/151.

## Parfüm für Gartenkräuter

Das Spritzen mit stark verdünnten ätherischen Ölen hat verschiedene Auswirkungen auf die behandelten Pflanzen. So wird beispielsweise die Blühfreudigkeit erhöht oder die Widerstandsfähigkeit gegen Krankheiten und Schädlinge gestärkt. Interessant für den Kräuteranbau ist die Tatsache, dass damit die Aromaproduktion der besprühten Pflanzen angekurbelt wird. Deshalb ist es sinnvoll, Aromaspritzungen kurz vor der Ernte durchzuführen.

Das Besprühen mit einer Brühe aus Acker-Schachtelhalm wird im Gegensatz zu anderen Spritzungen ausnahmsweise bei Sonnenschein vorgenommen.

as ätherische Öl des Lavendels wirkt gegen Pilze und fördert die romaproduktion der besprühten Pflanze.

Gut geeignet sind Öle von Lavendel, Orange, Zitrone, Rosmarin, Minze, Thymian und Zitronenmelisse. Als Spritzbrühenbasis dient Tee aus Kamille oder Brennnessel (30 g auf 10 l), in den fünf bis zehn Tropfen ätherisches Öl verrührt werden. Das Öl muss mithilfe von Lecithin (5 g), Bio-Geschirrspülmittel (5 Tropfen) oder Milch (200 ml) emulgiert werden, damit es sich besser mit dem Wasser vermischt. Sowohl Lecithin als auch Milch wirken auch sehr gut gegen Pilzerkrankungen. Mit einem feinen Sprüher werden die Pflanzen bei bedecktem Himmel tropfnass besprüht.

Teespritzungen kann man gut bei Pflanzen einsetzen, die von ihren Bedürfnissen her nicht auf ein gemeinsames Beet passen, sich aber in ihren gegenseitigen Wirkungen doch gut tun würden. Regelmäßige Spritzungen können eine Mischkultur mit dieser Pflanze ersetzen.

# Gut in Form und winterfit

Regelmäßiges Schneiden tut Kräutern gut. Man unterscheidet dabei in Ernte- und Pflegeschnitt: Der Ernteschnitt findet zu dem Zeitpunkt statt, wenn die meisten Heilstoffe in den Kräutern gebildet werden (siehe Seite 84 f.). Der Pflegeschnitt dient in erster Linie der Formerhaltung und Verjüngung der Pflanze.

Bei den einziehenden Stauden sterben im Winter die oberirdischen Teile ab und treiben im Frühjahr wieder aus. Dazu gehören beispielsweise Zitronenmelisse, Johanniskraut, Pfefferminze, Schafgarbe, Schnittlauch und Purpur-Sonnenhut. Sie werden im Herbst oder Frühjahr bodennah zurückgeschnitten, die vertrockneten Triebe werden entfernt.

Halbsträucher und Zwergsträucher, bei denen die Basis verholzt und die Triebe krautig bleiben, etwa Salbei, Thymian oder Lavendel, benötigen vor dem Frühjahrsaustrieb einen kräftigen Pflegeschnitt. Idealer Zeitpunkt ist im April. Falls Sie die Blütezeit der Sträucher in voller Pracht genießen wollen, dann können Sie den Pflegeschnitt auch erst nach der Blüte durchführen (Lavendel, Thymian, Salbei). Dieser Schnitt sollte aber spätestens Ende Juni abgeschlossen sein. Grundsätzlich gilt: Je früher der Schnitt durchgeführt wird, desto verträglicher ist er für die Pflanze und desto tiefgreifender kann er durchgeführt werden.

Blätter und Blüten, die beim Pflegeschnitt anfallen, enthalten zwar nicht die höchstmögliche Wirkstoffmenge, denn Pflege und Ernte sind zu verschiedenen Zeiten optimal. Für ein duftendes Kräuterbad reicht das Aroma aber auf jeden Fall. Zum Wegwerfen sind diese Pflanzenteile viel zu schade.

## Eine Verjüngungskur für Ihre Kräuter

Der Pflegeschnitt hat den Vorteil, dass die Sträucher in Form bleiben und zum Wachstum angeregt werden. Dazu werden die Kräuter im Frühjahr kräftig um mindestens ein Drittel zurückgeschnitten.

Ende August ist bei den Halbsträuchern der letzte Termin für einen Ernteschnitt, denn sowohl Schneiden als auch Düngen regen zu neuer Triebbildung an. Diese neuen Triebe hätten vor dem Winter keine Zeit mehr, die nötige Reife und somit Winterhärte zu erreichen. Dann kann es passieren, dass die Pflanze erfriert.

## Bereit für den Winter

Alle in Mitteleuropa heimischen Kräuter kommen ohne Schutz durch den Winter. Auch viele Einwanderer aus anderen Regionen wie Anis-Ysop, Petersilie, Liebstöckel, Zitronenmelisse und Oregano sind bei uns winterhart. Auch die strauchbildenden, immergrünen Mittelmeerkräuter wie Heiligenkraut, Salbei, Thymian und Lavendel vertragen durchaus Temperaturen bis −20 °C. Beim Rosmarin gibt es mittlerweile kältetolerante Sorten. Allerdings können auch sie in längeren Kältephasen eingehen. Das liegt meist daran, dass sie als Flachwurzler bei langen Frostperioden kein Wasser aus der gefrorenen Erde aufnehmen können und verdursten. Laubabwerfende Pflanzen haben dieses Problem

Das jährliche Schneiden ist für die strauchartigen Kräuter eine „Anti-Aging-Kur“, die ihre Lebensdauer wesentlich verlängert.

## ÜBERWINTERUNGSGÄSTE IM HAUS

Manche Kräuter wie Griechischer Bergtee, nicht kältetoleranter Rosmarin, Lorbeer, Myrte, Zistrose oder Zitronenverbene sind nur bedingt winterhart. Sie können bestenfalls im Weinbauklima draußen überwintern. Dazu ist aber ein guter Winterschutz mit Stroh und Vlies nötig. In kälteren Regionen werden sie ausgegraben und in hellen, kühlen Räumen im Haus oder Gewächshaus überwintert. Dabei wird nur sparsam gegossen. Ab April können die Pflanzen dann wieder ins Beet. Allerdings müssen sie sich erst einige Tage an einem Schattenplatz an die UV-Strahlung gewöhnen. Ansonsten würden die Blätter einen heftigen „Sonnenbrand“ abbekommen.

nicht, da bei ihnen im Winter keine Fotosynthese stattfindet.

Immergrüne Gäste aus wärmeren Gefilden sollten Sie also vor allem im Wurzelbereich schützen, damit dort der Boden frostfrei bleibt. Sie freuen sich ab November über einen Wintermantel aus Stroh oder Laub. Vor allem Strohpackungen haben eine gute isolierende Wirkung. Sie können bis zu 20 cm dick sein und sollten die ganze Wurzelzone bedecken. „Nasse Füße“ verkürzen die Lebenszeit der Südländer immens. Deshalb ist ein durchlässiger Boden der beste vorbeugende Winterschutz.

Oberhalb der Erde können Sie die Kräuter mit Fichten- oder Tannenreisig schützen. Die Zweige werden locker um die Pflanze gestellt und eventuell mit einer Schnur befestigt. Es entsteht ein wärmendes Luftpolster, das vor eisigen Winden schützt. Statt Reisig leistet auch Vlies gute Dienste.

# WIRKSTOFF & GESCHMACK KONSERVIEREN

Nachdem Sie für Ihre Kräuter den besten Standort im Garten gefunden und sie gut gepflegt haben, sind gesunde Heil- und Würzkräuter herangewachsen. Sie haben in ihren Wurzeln, Blättern und Blüten viele Wirk- und Aromastoffe gespeichert. Diese besitzen zu einer bestimmten Zeit den optimalen Wirkstoffgehalt. Genau dann sollten Sie ernten, wenn Sie die Kräuter als Tee, Gewürz, Likör oder Tinktur konservieren wollen.

# Zum richtigen Zeitpunkt ernten

Von den heilsamen und aromatischen Stoffen der Kräuter wollen wir möglichst viel in unseren Tees und Gewürzen haben. Dazu sollten wir den richtigen Erntezeitpunkt abpassen. Denn bei Heilkräutern ist es nicht anders als bei Obst und Gemüse, die erst zu einem ganz bestimmten Zeitpunkt reif werden und nur dann wirklich gut schmecken.

Für den täglichen Gebrauch in der Küche brauchen Sie es nicht so genau nehmen mit dem Erntezeitpunkt. Hier können Sie die Kräuter während der gesamten Wachstumszeit ernten.

## Der jahreszeitliche Ernterhythmus

Der jahreszeitliche Rhythmus der Sonne steuert die Stoffwechselprozesse in den Pflanzen. Die Wirkstoffe in den Heilpflanzen verändern sich während der pflanzlichen Entwicklung beständig, sowohl in der Qualität als auch in der Menge. Die Wirkstoffschwankungen vom günstigsten zum ungünstigsten Erntezeitpunkt sind erstaunlich!

Die richtigen Erntezeitpunkte lassen sich schwer in Monaten oder Jahreszeiten angeben, da es in Mitteleuropa große klimatische Unterschiede gibt. Deshalb liest man die günstigste Erntezeit an den Entwicklungsstadien der Pflanze ab. Man orientiert sich dabei an den sogenannten phänologischen Merkmalen seiner Region, beispielsweise dem Beginn der Blüte. Jede Pflanze hat irgendwo zwischen Vegetationsbeginn und -ende einen optimalen Erntezeitpunkt. Bei manchen Pflanzen kann der von uns gewünschte Wirkstoff schon bei der Knospenbildung in großer Menge vorliegen, bei anderen erst im Stadium der Vollblüte, bei wieder anderen erst bei der Samenreife.

### Blüten und Samen verraten die Erntezeit

Die Zitronenmelisse besitzt vor der Knospenbildung einen wunderbaren Zitronenduft. Sobald aber ihre Blüten erscheinen, gehen Duft und Heilkraft fast komplett verloren. Ihr Geruch wird sogar unangenehm,

Basilikum entwickelt während der Blüte das intensivste und feinste Aroma in allen Pflanzenteilen. Die Blüten können Sie selbstverständlich mitverwenden.

pearmint-Minze hat bei optimaler Erntezeit oppelt so viel ätherisches Öl in ihren Blättern als zum ungünstigsten Erntezeitpunkt!

weshalb sie im Volksmund früher auch den Namen „Wanzenkraut" trug. Zum richtigen Zeitpunkt geerntete Melissenblätter können gegenüber blühender Melisse den dreifachen Ölgehalt vorweisen.

Dagegen besitzen alle Minzen bei Blühbeginn das meiste und qualitativ beste ätherische Öl. Die sich wandelnde Ölqualität können wir selbst entdecken: Die Minze riecht nach dem Austrieb im Frühling eher unangenehm muffig, während sie bei Blühbeginn im Juli mit ihrem frischen Duft begeistert. Von Blühbeginn spricht man, wenn sich an der Pflanze erst wenige Blüten geöffnet haben. Bei vielen Lippenblütlern (siehe Beispiele im nebenstehenden Kasten) ist genau zu diesem Zeitpunkt der Gehalt an ätherischen Ölen am höchsten.

Andere Heilpflanzen erreichen erst in der Vollblüte den höchsten Gehalt an Wirkstof-

## WANN IST 'S SOWEIT?

**Ernte vor Knospenbildung:** Bärlauch, Bärwurz, Dill, Kerbel, Liebstöckel, Löffelkraut, Petersilie, Schnittlauch, Zitronenmelisse.
**Ernte mit Knospenbildung:** Beifuß, Brennnessel, Estragon, Löwenzahnblätter, Schabzigerklee, Zitronenverbene.
**Ernte mit Blühbeginn:** Bergminze, Bohnenkraut, Goldrute, Katzenminze, Majoran, Minzen, Rosmarin, Salbei, Steinklee, Süßdolde, Thymian, Waldmeister, Weidenröschen, Weißdorn, Ysop.
**Ernte zur Vollblüte:** Andorn, Anis-Ysop, Basilikum, Dost, Drachenkopf, Frauenmantel, Holunderblüte, Indianernessel, Johanniskraut, Kamille, Lavendel, Oregano, Ringelblume, Purpur-Sonnenhut, Schafgarbe. Spitzwegerich, Wermut .
**Ernte zur Samen- bzw. Fruchtreife (Vollreife):** Anis, Bockshornklee, Echter Kümmel, Fenchel, Hagebutte, Heidelbeere, Holunderbeere (nur gekocht verwenden), Koriander, Leinsamen, Mariendistel, Nachtkerze, Sanddorn, Schwarzkümmel.

Meerrettich sollten Sie im Herbst ernten. Er wird schon lange als „natürliches Antibiotikum“ geschätzt.

fen. Von der Vollblüte spricht man, wenn der Hauptblütenstand der Pflanze voll erblüht ist und die ersten Blüten schon verwelkt sind.

Der Provence-Lavendel wird in den Anbaugebieten erst zur Vollblüte geschnitten, wenn ein Drittel der Blüten an der Ähre schon verwelkt sind. Nur dann besitzt das Öl die richtige Reife; zu früh geernteter Lavendel liefert ein ätherisches Öl, das Fachleute als „dünn“ und „ohne Körper“ klassifizieren.

Bei anderen Pflanzen, z. B. Fenchel oder Anis, zeigt die Samenreife den besten Erntezeitpunkt an. Bei Doldenblütlern reifen die Samen an der Pflanze unterschiedlich, weshalb Sie immer nur die reifen Dolden herausschneiden sollten.

## Die Kraft der Wurzeln nutzen

Die Wurzelkräuter werden in der Regel erst im Spätherbst geerntet, also Mitte Oktober bis Ende November. In dieser Ruheperiode sind die ganzen Wirkstoffe im Wurzelbereich gespeichert. Zu den Wurzelkräutern zählt man alle Pflanzen, von denen die unterirdischen Pflanzenteile geerntet werden.

Besonders stärke- und schleimhaltige Wurzeln haben im Spätherbst die meisten Wirkstoffe, also ist dann der beste Zeitpunkt. Pflanzen, die gleich nach der Samenreife absterben, etwa die Engelwurz, müssen etwas früher geerntet werden, weil im Herbst in der Wurzel schon Zersetzungsprozesse beginnen. In diesem Fall sollten Sie ernten, bevor die Blätter absterben und der Samen ausreift. Das kann je nach Klima schon Ende Juli bis Anfang August sein. Bei der Engelwurz kann man mit einem Trick die Natur überlisten, um im günstigen Spätherbst die Wurzeln zu ernten. Dazu entfernen Sie die Blütenstände im zweiten Standjahr frühzeitig, damit die Pflanze keine Samen ansetzen kann. So wird der Wurzelkörper kräftiger ausgebildet und die „Lebenszeit“ der Pflanze verlängert sich.

Bei den bitterstoffhaltigen Wurzelkräutern sind die gewünschten Inhaltsstoffe im Frühjahr stärker vertreten. In Löwenzahnwurzeln beispielsweise sind im zeitigen Frühjahr (März-April) erheblich mehr Bitterstoffe enthalten als im Herbst.

Auch Enzianwurzeln besitzen im Frühjahr einen höheren Bitterstoffgehalt als im Herbst. Für die Schnapsbrennerei wird die Enzianwurzel allerdings erst nach der Blüte im September geerntet, weil dann der für die alkoholische Gärung nötige Gehalt an Speicherzucker am höchsten ist. Somit gilt bei den bitterstoffhaltigen Wurzeln: für Heilzwecke im Frühjahr, für Genusszwecke im Herbst ernten. Das gilt auch für die Wegwarte, deren Wurzeln im Frühjahr sehr viele Bitterstoffe und im Herbst sehr viel Inulin anreicht. Deshalb nimmt man die Herbstwurzeln zum Rösten als Kaffeeersatz.

### WANN ERNTE ICH WURZELN?

**Im Spätherbst:** Alant, Baldrian, Beinwell, Bibernelle, Blutwurz, Brennnessel, Eibisch, (Engelwurz), Liebstöckel, Meerrettich, Quecke, Süßholz.
**Im zeitigen Frühjahr (März–April):** Enzian, Löwenzahn, Wegwarte.

# Wie Heilpflanzen wirken

**Ätherische Öle** sind in allen duftenden Pflanzen enthalten und werden vor allem um die Mittagszeit produziert. Sie wirken unter anderem keim- und endzündungshemmend, appetitanregend, krampflösend, beruhigend und auswurffördernd. Sie beeinflussen auch unser Wohlbefinden. Typische Pflanzen mit ätherischen Ölen sind Fenchel (Foto oben), Kamille, Pfefferminze, Rose oder Thymian.

**Bitterstoffe** werden überwiegend nachmittags produziert und schmecken namensgemäß bitter. Sie fördern die Ausschüttung von Verdauungssäften. Deshalb wirken sie appetit- und stoffwechselanregend sowie verdauungs- und gallenflussfördernd. Vertreter der bitteren Fraktion sind Andorn, Enzian, Löwenzahn, Tausendgüldenkraut (Foto Mitte) und Wermut.

**Gerbstoffe** sind im Sommer am stärksten in den Pflanzen enthalten. Sie wirken zusammenziehend, austrocknend, keimhemmend und blutstillend. Meist werden sie äußerlich auf der Haut oder im Mund- und Rachenraum verwendet. Gerbstoffhaltig sind zum Beispiel Blutwurz (Foto unten), Brombeerblätter, Frauenmantel, Zistrose und Salbei.

**Schleimstoffe** können Wasser binden und quellen dadurch auf. Deshalb besitzen sie eine einhüllende, reiz- und entzündungslindernde Funktion. Außerdem wirken sie entgiftend. Schleimstoffpflanzen sind Eibisch, Huflattich, Malve, Spitzwegerich und Königskerze (Foto rechte Seite oben)

**Flavonoide** sind gelbliche Pflanzenfarbstoffe, die in der Pflanzenwelt sehr häufig vorkommen. Sie sorgen dafür, dass die Pflanzen nicht durch das UV-Licht „verbrennen". Aus diesem Grund sind sie vor allem nachmittags bei hoher UV-Einstrahlung vertreten. Im menschlichen Körper wirken sie vielfältig: z. B. entzündungshemmend, zellschützend, harntreibend, leberschützend oder schweißtreibend. Arnika, Goldrute (Foto rechte Seite unten), Holunder, Kamille und Ringelblume enthalten viele Flavonoide.

### Flavonoide gegen Sonnenbrand

Im Frühjahr dominieren die Flavonoide (siehe auch Seite 88), die die jungen, zarten Blätter vor dem aggressiven UV-Licht schützen sollen. Viele Pflanzen enthalten bei Blattaustrieb oder bei Blühbeginn ein Maximum an Flavonoiden. Deshalb werden Blätter von Bäumen und Wildkräutern, beispielsweise Birke und Brennnessel, gerne im Frühjahr (April–Mai) gesammelt, wenn sie noch ganz jung sind. Sie eignen sich dann gut für entgiftende Frühjahrskuren.

### Gerbstoffe gegen Fraßfeinde

Gerbstoffe (siehe auch Seite 88) werden erst später im Jahr in die Blätter eingelagert. Wenn also viele Gerbstoffe erwünscht sind, dann sollten Sie erst im Sommer ernten. Eichen- und Walnussblätter haben im August den höchsten Gerbstoffgehalt. Salbei zählt auch zu den Gerbstoffpflanzen, hat also im Sommer einen besonders hohen Wirkstoffgehalt. Allerdings enthält er in seinen Blättern auch die heilsamen ätherischen Öle, die wiederum bei Blühbeginn besonders konzentriert sind. Wer sowohl die antiseptischen Öle als auch die adstringierenden Gerbstoffe nutzen will, muss also zweimal ernten: im Mai und im August.

## Der tageszeitliche Ernterhythmus

Die Wirkstoffe in den Heilpflanzen unterliegen jedoch nicht nur jahreszeitlichen Schwankungen, sondern auch tageszeitlichen Veränderungen. Der Zeitpunkt des höchsten Wirkstoffgehaltes ist gleichzeitig der günstigste Erntezeitpunkt.

Wir orientieren uns dabei an jenen Stoffen, die wir als Arznei verwenden, also zum Beispiel ätherische Öle, Bitterstoffe, Flavonoide, Gerbstoffe oder Alkaloide. Geerntet wird zu der Tageszeit, wo der Hauptwirkstoff besonders stark vertreten ist. Alle Zeitangaben, die nachfolgend genannt werden,

Oben: Himbeer- und Brombeerblätter enthalten im Juli und August die meisten Gerbstoffe. Für einen wohlschmeckenden Haustee nimmt man dagegen die jungen Frühlingsblätter.

Unten: An einer einzigen Königskerze kann man jeden Morgen bis zu 200 Blüten ernten. Beste Erntezeit ist zwischen 9 und 10 Uhr.

orientieren sich an der Sommerzeit, da die Heilkräuterernte hauptsächlich in die Zeitumstellung fällt.

## Wurzeln vor Sonnenaufgang

Wurzelkräuter wie Engelwurz oder Löwenzahn, aber auch Wurzelgemüse wie Karotten werden sehr früh morgens geerntet, da viele Wirkstoffe während der Nacht in die Wurzeln wandern. Zwischen 4.00 und 5.00 Uhr morgens konzentrieren sich sehr viele Wirkstoffe in den Speicherorganen. Dann wird die Aktivierung des Fotosynthese-Apparates vorbereitet und mit der Morgendämmerung beginnen die Stoffwechselprozesse in den oberen Pflanzenteilen.

Nun haben wir aber das Glück, dass die meisten Heilpflanzenwurzeln im Spätherbst oder in der Winterruhe (Oktober – Februar) geerntet werden. Zu dieser Jahreszeit ist das Blattwerk abgestorben und es findet keine Fotosynthese mehr statt. Wir können also zu jeder Tageszeit Wurzeln ausgraben, ohne Wirkstoffverluste in Kauf zu nehmen. Die frühe Erntezeit gilt also nur für den Zeitraum der Wachstumsperiode. Wer im Frühjahr oder Sommer eine Wurzel benötigt, muss aber vor Sonnenaufgang aus den Federn!

## Duftendes zur Mittagszeit

Kräuter, die ätherische Öle enthalten, sollten Sie in den Mittagsstunden ernten. Dazu gehören alle Heilpflanzen, die sich durch einen intensiven Duft auszeichnen. Die Ölproduktion hat ihren Tageshöhepunkt zwischen 13.00–14.00 Uhr, gegen Abend nimmt der Gehalt immer mehr ab. Die Ölbildung in den Pflanzen erreicht mittags zwar ein Optimum, allerdings verdunsten sie bei großer Hitze. Die ätherischen Öle erfüllen nämlich auch eine Kühlfunktion: Mit der entstehenden Verdunstungskälte schützen sie die Pflanze vor Überhitzung. Deshalb bringen etwas kühlere, bewölkte Tage ein besseres Ernteergebnis als heiße, sonnige Tage. Falls ausnahmsweise doch an

ei uns in Mitteleuropa wird die Damaszener-Rose an bewölkten Tagen zur Mit-
agszeit geerntet und dann zum Trocknen ausgelegt.

Hitzetagen (mehr als 30 °C) geerntet werden muss, dann ist der Vormittag (10.00 bis 11.00 Uhr) die bessere Alternative.

## Bitteres am Nachmittag

Auch nachmittags haben Kräutersammler etwas zu tun: Die bitterstoffhaltigen Blattkräuter haben zwischen 15.00 und 16.00 Uhr den höchsten Bitterwert. Dazu gehören z. B. Andorn, Beifuß, Eberraute, Herzgespann, Hopfen, Löwenzahnkraut, Tausendgüldenkraut und Wermut.

Kräuter, die vorwiegend Flavonoide enthalten, produzieren dann ebenfalls die meisten Wirkstoffe. Dazu gehören z. B. Arnika, Birke, Goldrute, Holunder, Mariendistel, Ringelblume und Weißdorn.

Beerentragende Früchte, die in der Heilkunde Anwendung finden, wie Hagebutten, Heidelbeeren, Holunderbeeren, Schlehen und Sanddorn, werden ebenfalls nachmittags geerntet. Ab 17.00 Uhr wird nicht mehr geerntet, denn nun beginnen allmählich die Rückbildungsprozesse in den Wurzelbereich.

### Blütenernte gemäß Lebensdauer

Da Blütenpflanzen ihre Blüten nach und nach öffnen, erstreckt sich die Ernteperiode über mehrere Wochen. Viele Einzelblüten entfalten sich nur für die Dauer von wenigen Stunden, um dann abzufallen (Königskerze, Malve, Klatschmohn). Sie müssen täglich geerntet werden. Andere Blüten, wie Kamille, Lavendel, Schafgarbe und Ringelblume, sind langlebiger und benötigen mehrere Tage zum Abblühen. Bei Ringelblumen genügt es deshalb, ein bis zwei Mal wöchentlich die voll entfalteten Blüten zu ernten.

Das regelmäßige Pflücken der Blüten regt übrigens die Blühfreude der Pflanzen an und steigert somit den Ertrag. Die Pflanzen möchten sich nämlich reproduzieren und müssen dazu möglichst viele Samen ausbilden. Da dies durch das Abernten verhindert wird, verlängern die Pflanzen ihre Blühzeit.

# Eine Uhr aus Blüten

Die Blütenkräuter sind besonders mit der Sonne verbunden. Viele Blütenkräuter öffnen und schließen ihre Blüten zu genau festgelegten Tages- oder Nachtzeiten; und zwar alle gemeinsam. Dies hat schon den schwedischen Botaniker Carl von Linné (1707–1778) dazu inspiriert, eine Blütenuhr zu entwickeln. Auf kuchenstückförmige Einteilungen pflanzte er Frühaufsteher und Langschläfer. Am Öffnen und Schließen der Blütenkelche konnte man dann die genaue Tageszeit ablesen. So öffnen sich beispielsweise bei uns in Deutschland der Löwenzahn und die Königskerze ab 6.00 Uhr und die Nachtkerze erst ab 20.00 Uhr.

Allerdings ist das „Ticken" der Blütenuhr von Klimazone, Jahreszeit und Blumensorte abhängig. Linnés historische Uhr entspricht dem Klima Schwedens und berücksichtigt auch keine Sommerzeit. Deshalb funktioniert sie bei uns nicht. So muss jeder, der „Floras Uhr" nachbauen möchte, den Blührhythmus vor seiner eigenen Haustür erkunden. Auch das Wetter kann die Uhr durcheinanderbringen, denn an kalten, regnerischen Tagen bleiben viele Blüten geschlossen. Ein vernünftiges Arrangement mit den Bienen, die dann auch lieber zu Hause bleiben.

Während Linnés Blütenuhr eine ungefähre Angabe der Tageszeit ermöglicht, geht es bei den nachfolgend angegebenen Zeiten um die optimale Erntezeit. Im angegebenen Zeitfenster sind die gewünschten Heilstoffe in großer Menge vertreten.

**4.00 – 5.00 Uhr:** Heilkräuter, bei denen man die Wurzeln nutzt (z. B. Enzian oder Löwenzahn).

**9.00 – 10.00 Uhr:** Heilkräuter, bei denen man die Rinde erntet (z. B. Weide); Blüten, die sich früh morgens öffnen und schnell vergehen (z. B. Königskerzenblüten, Klatschmohnblüten, Wegwartenblüten).

**10.00 – 11.00 Uhr:** Heilkräuter mit ätherischen Ölen, falls an heißen sonnigen Tagen geerntet werden muss (Verdunstungsverluste!).

**13.00 – 14.00 Uhr:** Heilkräuter mit ätherischen Ölen an bewölkten, trockenen Tagen (beste Erntezeit); Blüten, die mittags optimal geöffnet sind (Arnika, Johanniskraut, Kamille und Ringelblume).

**15.00 – 16.00 Uhr:** Heilkräuter mit Flavonoiden, Bitterstoffen, Senfölen oder Cumarinen; Heilkräuter, bei denen Samen und Früchte genutzt werden.

**19.00 – 21.00 Uhr:** Blüten von Nachtduftern (z. B. Jasmin, Nachtkerze).

Übrigens gibt es auch Blütenpflanzen, die sich über den ganzen Tag verteilt öffnen, also nicht gemeinsam erblühen. Dazu gehören die Malve oder die Stockrose, die deshalb über den ganzen Tag gepflückt werden können.

Linnés Blütenuhr funktioniert nur von 6 bis 18 Uhr.
© Jan Thorbecke Verlag

# Schonend ernten

In der industriellen Produktion werden Kräuter maschinell geerntet und anschließend kleingehäckselt. Am Ende der langen Produktionskette steht dann meist ein Teebeutel. Im Kräutergarten können wir uns den Luxus erlauben ausschließlich von Hand zu ernten. Blüte für Blüte oder Blatt für Blatt wird sorgfältig gepflückt. Diese handarbeitliche Auslese ist eine der schönsten Tätigkeiten. Hierdurch öffnet sich ein Zugang zur Pflanze, der mit Maschinen nicht denkbar wäre.

Blüten und Blätter werden vorsichtig geerntet und kommen dann unzerkleinert in die Trocknung.

## Beste Auslese durch Handarbeit

Die Blattkräuter werden von Hand geschnitten, die Blätter anschließend von den Stielen gestreift. Wenn sich die Blätter noch im grünen Zustand befinden, entstehen an der Pflanze kaum Verletzungen. Die sorgfältige Ernte hat natürlich einen Grund: Je stärker das Erntegut bearbeitet wird, desto höher sind die Verluste an wertvollen Inhaltsstoffen. Bei Pflanzen, die ätherische Öle enthalten, werden beim Zerkleinern die empfindlichen Ölzellen beschädigt und eine große Menge der wertvollen Duftstoffe geht verloren. Bei starker Zerkleinerung sind Verluste bis zu 30% möglich. Außerdem setzt jede Verletzung an der Pflanze Abbauprozesse in Gang. Optisch gut sichtbar sind solche Oxidationsverluste bei Spitzwegerich, Königskerzenblüten und Zitronenmelisse, die sich an Druck-, Quetsch- und Verletzungsstellen schwarz verfärben. Ein weiterer Vorteil der Ernte in Handarbeit ist die Tatsache, dass unschöne, schmutzige oder kranke Blätter sowie Schädlinge rechtzeitig erkannt werden. Maschinen dagegen sortieren bei der Ernte und Verarbeitung nichts aus.

Unzerkleinerte Kräuter sind auch wesentlich länger lagerbar als kleingehäckseltes Erntegut. Wie kleine „Konservendosen“ schützen sie die wertvollen Wirkstoffe und können deshalb problemlos zwei bis drei Jahre aufbewahrt werden. Zerkleinerte Kräuter verlieren dagegen schon nach einem Jahr Lagerung einen beachtlichen Teil der wertvollen Heil- und Aromastoffe.

Eine meditativere Arbeit als das vorsichtige Pflücken der Blüten mit der Hand kann ich mir kaum vorstellen.

## Farben und Düfte erhalten

Das Trocknen ist die älteste Art der Kräuterkonservierung. Durch Wasserentzug werden die Kräuter haltbar gemacht. Richtiges Trocknen entscheidet darüber, wie viele der in der frischen Pflanze enthaltenen Wirkstoffe erhalten werden können.

Kräuter werden vor dem Trocknen nicht gewaschen, sondern lediglich von schmutzigen und kranken Blättern befreit. Beim Waschen würden die mit ätherischem Öl gefüllten Zellen beschädigt, was das Aroma beeinträchtigt. Eine Ausnahme machen hierbei die Wurzeln; sie sollten vor dem Trocknen gewaschen werden.

### KÜNSTLICH TROCKNEN – ABER WIE?

Künstliche Trocknung nutzt entweder die Zufuhr von Wärme und Luft (Dörrgeräte, Solartrockner) oder das Prinzip der Luftentfeuchtung (Kondensationstrocknung). Hierzu gibt es viele Anbieter, die auch Geräte für den kleinen Haushalt bereithalten (siehe Service Seite 153). Wollen Sie sich kein Trockengerät kaufen oder selbst konstruieren, können Sie auch auf den Backofen zurückgreifen. Das erfordert etwas Fingerspitzengefühl, denn die Temperatur soll nicht über 40 °C steigen (Thermometer). Außerdem sollten Sie immer wieder die abdampfende Feuchtigkeit aus dem Ofen lassen.

### Hohe Temperaturen schaden

Die idealen Trockentemperaturen liegen zwischen 30 und 40 °C. Bei höheren Temperaturen verflüchtigen sich die ätherischen Öle, die Aroma und Wirkung vieler Teekräuter bestimmen. Bei zerkleinerten Kräutern wird dieser Verdunstungsprozess durch die beschädigten Ölzellen noch begünstigt.

Mit den Temperaturen hängt auch die Trockendauer zusammen. Gleich nach der Ernte beginnen im Erntegut die biochemischen Abbauprozesse. Schnelles Trocknen soll verhindern, dass die Pflanzenenzyme mit der Zersetzungsarbeit beginnen – je stärker die Zerkleinerung, desto schneller fermentieren die Kräuter. Außerdem erhält man so am besten Aroma und Farbe der Kräuter. Schnelles Trocknen heißt, dass die Kräuter in drei bis vier Tagen „bruchtrocken" sein sollten. Das heißt, richtig getrocknete Pflanzen „rascheln" oder „knistern" und können zu Pulver zerrieben werden. Die Blatt- und Blütenstiele müssen sich brechen lassen und dürfen nicht mehr elastisch sein. In der Regel ist schnelles Trocknen nur mit künstlicher Trocknung (siehe Kasten) möglich, vor allem bei feuchter Witterung.

**Natürliche Trocknung:** Bei lange andauernden Schönwetterperioden im Sommer kann man auf natürliche Weise trocknen. Gut geeignet sind Speicher und Dachböden ohne Isolierung und mit guter Durchlüftung. Das Trockengut kann dort auf dem Boden in dünner Schicht ausgebreitet werden. Noch besser sind bespannte Holzrahmen, denn dann wird das Trockengut auch von unten belüftet. Gutes Bespannungsmaterial ist Fliegengaze aus Baumwolle, Jute oder Drahtgewebe. Eine Behelfsvorrichtung wäre ein Wäscheständer, über den ein dünnes Tuch gelegt wird. Ab und zu müssen Sie das Trockengut etwas auflockern. Bei natürlicher Lufttrocknung darf die Trockenzeit nicht länger als eine Woche dauern, sonst kommt es zu Wirkstoffverlusten durch die fortschreitende Fermentation.

**Künstliche Trocknung:** Es gibt Pflanzen, die sehr schnell trocknen, z. B. Brennnessel,

a Königskerzenblüten aus der
ngebungsluft Feuchtigkeit auf-
ehmen, ist künstliche Trocknung
innvoll.

Hier sehen Sie die frischen Malvenblüten auf dem oberen Rahmen liegen, darunter die getrockneten. Die Farben sind kräftig; das zeigt, dass alle Wirkstoffe erhalten blieben.

Minze oder Zitronenmelisse. Andere Kräuter geben das Wasser nur langsam ab und brauchen wesentlich länger. Sie trocknen in der natürlichen Umgebungsluft nicht zufriedenstellend. Dazu zählen Basilikum, Salbei und Ringelblume mit Kelch. Noch problematischer beim Trocknen sind die schleimhaltigen Wurzeln von Engelwurz, Eibisch und Königskerzenblüten. Sie ziehen die Luftfeuchtigkeit wie ein Schwamm an. Hier ist künstliche Trocknung und anschließende luftdichte Lagerung unbedingt erforderlich, sonst kommt es zur Zersetzung der Inhaltsstoffe. Außerdem haben Schimmelpilze ein leichtes Spiel. Ebenfalls auf künstliche Trocknung angewiesen sind die Blüten der Kornblumen. Nur wenn sie innerhalb von 2 Tagen trocken sind, behalten sie ihre wunderschöne blaue Farbe. Ein weiterer Vorteil der künstlichen Trocknung: Sie sind unabhängig von der Witterung.

## Licht zerstört Wirkstoffe

Kräuter müssen beim Trocknen vor direkter Sonneneinstrahlung geschützt werden. Sonst bleichen sie aus und verlieren ihre Farben- und Heilkraft. Viele pflanzliche Farbstoffe sind gleichzeitig Heilstoffe. Richtig getrocknete Tees haben kräftige Farben, daran lässt sich die Heilkraft der Kräuter erkennen. Leider findet man solche Kräuter im Handel äußerst selten. Die Kunst des guten Trocknens besteht darin, die natürliche Farbe der Kräuter zu erhalten. Richtiges Trocknen findet deshalb im Schatten statt – je dunkler die Räume, desto besser das Ergebnis.

## Ein laues Lüftchen

Beim Trocknen von Kräutern sollten Sie für eine gute Durchlüftung sorgen, damit frei werdende Feuchtigkeit entweichen kann. Sonst bildet sich im Trockengut ein feuchter Wärmestau, der die Ernte verderben lässt. Auf alten Scheunen und Speichern ist die Durchlüftung in der Regel kein Problem, sondern eher in luftdicht isolierten Neubauten. Je schlechter die Durchlüftung, desto dünner und luftiger muss das Trockengut ausgebreitet werden, am besten Blatt neben Blatt und Blüte neben Blüte. Bei Bedarf ist vorsichtig zu lockern oder zu wenden.

## Dunkel, trocken und kühl lagern

Die getrockneten Kräuter müssen nun richtig gelagert werden. Dazu werden sie locker in Behälter geschichtet. Der Behälter sollte **Schutz vor Licht** bieten, denn auch nach der Trocknung können durch das Licht Wirkstoffe geschädigt werden. Gut eignen sich Schraubgläser aus Braunglas. Falls Sie helle Gläser verwenden, sollten diese im Schrank aufbewahrt werden.

Wichtig ist auch **luftdichtes Verschließen** der Behälter. Dies ist bei Feuchtigkeit aufnehmenden Pflanzen (Königskerze, Eibisch) unbedingt erforderlich. Sie würden sonst in kürzester Zeit verderben. Bei luftdicht verschließbaren Behältern ist es allerdings ganz wichtig, dass die Kräuter wirklich richtig trocken sind. Sonst beginnen sie schnell zu schimmeln, erkennbar am muffigen Geruch. In trockenen Räumen ist die Lagerung in Baumwoll- und Papiersäcken oder in Kartons möglich, ideal wäre eine Luftfeuchtigkeit zwischen 40 und 50 %.

Untersuchungen haben gezeigt, dass Kräuter bei **kühler Lagerung** am besten die Wirkstoffe behalten. Hohe Temperaturen beschleunigen auch während der Lagerung Abbauprozesse und setzen ätherische Öle frei. Außerdem begünstigt Wärme die Entwicklung von Motten.

Die Dörrobstmotte (und vor allem deren Raupe) ist der wichtigste Lagerschädling bei Kräutern. Ein Befall ist erkennbar an den Gespinsten und Verklumpungen, die Kräuter hängen wie mit Spinnweben verwoben zusammen. Lagern Sie die Kräuter am besten unter 16 °C, dann haben die Motten kaum Chancen. Falls Sie in Küche oder Vorratsräumen Motten haben sollten, dann können Sie diese effektiv und chemiefrei mit Schlupfwespen bekämpfen. Die winzig kleinen Schlupfwespen (0,5 mm) spüren alle Motteneier auf.

Nach dem Einfüllen der Kräuter sollten Sie die Gläser mit dem Namen der Pflanze und dem Erntezeitpunkt beschriften.

# REZEPTE FÜR HAUS-APOTHEKE & WÜRZKÜCHE

Die Kunst, gute Heilmittel herzustellen, beginnt bei der Rohstoffauswahl. Nur mit hochwertigen Rohstoffen können Sie gute Endprodukte produzieren. Deshalb ist es ganz wichtig, auf beste Qualität zu achten. Für die Kräuter aus Ihrem Garten bedeutet dies, sie zum optimalen Zeitpunkt zu ernten und schonend weiterzuverarbeiten, um von möglichst vielen Wirk- und Aromastoffen zu profitieren.

# Die Kunst des Teemischens

Eine gute Teemischung sollte nicht mehr als neun Zutaten enthalten, damit die Wirkung übersichtlich bleibt und die einzelnen Zutaten in einer „arzneilich wirksamen Dosis“ vorhanden sind.

Zum Mischen eines Heiltees ist es wichtig, dass Sie zuerst die Wirkungsrichtung festlegen. Soll der Tee beruhigend, hustenlösend, schweißtreibend, nervenstärkend, entspannend oder harntreibend sein? Die Wirkungsrichtung muss aber nicht zwangsläufig medizinisch ausgerichtet sein, denn Tee trinken kann auch Wellness und Genuss bedeuten. In diesem Fall bestimmen Sie ein Wellnessthema (z. B. Liebestee, Erfrischungstee, Wintertee) oder eine Geschmacksidee (zitronig, minzig).

### Basispflanzen geben die Richtung vor

Zunächst suchen Sie für die Teemischung ein bis zwei Basispflanzen aus, die als Hauptwirkstoffträger die angestrebte Wirkung oder Geschmacksrichtung bestimmen. Bei der Wirkungsrichtung Husten wären Spitzwegerich und Thymian gute Basispflanzen. Die Basismittel sollten 40–50 % der gesamten Mischung ausmachen. Die Basis wird nun durch weitere „Hilfspflanzen“ ergänzt. Man bezeichnet sie als Volumenpflanzen, Aromapflanzen und Schmuckpflanzen. Alle „Hilfspflanzen“ sollten die heilkundliche Wirkung der Basispflanzen unterstützen.

### Volumenpflanzen halten die Mischung zusammen

Volumenpflanzen sollen dem Tee Volumen geben und die Mischung zusammenhalten, vor allem wenn schwere und kleine Zutaten enthalten sind (z. B. Fenchel, Süßholz). Diese würden ohne Volumenpflanzen der Schwerkraft folgend nach unten rutschen, der Tee würde sich entmischen. Volumenpflanzen

Linke Seite: Kornblume, Sonnenblume, Malve und Ringelblume (von links nach rechts) bringen Farbe in Ihren Tee.

Die Kunst des Teemischens besteht darin, die richtigen Pflanzen zusammenzubringen.

## WIE FARBEN AUF UNS WIRKEN

Farben wirken auf unser Unterbewusstsein, ohne dass wir es merken. Sie können uns aufmuntern oder erheitern, aber auch deprimieren.
**Rot** wirkt anregend, belebend, stärkend und wärmend. Zuviel Rot kann allerdings überreizen. Rote Heilblüten sind Klatschmohn, Indianernessel, Rosen, Rotklee, Stockrosen und Purpur-Sonnenhut.
**Orange** wirkt stimulierend, aufmunternd und antidepressiv. Ringelblume, Kalifornischer Mohn, Kapuzinerkresse und Studentenblumen sind Vertreter dieser Gruppe.
**Gelb** ist eine positive Farbe. Sie hellt das Gemüt auf und vermittelt Lebensfreude. Gelbe Heilblüten finden wir bei Goldrute, Huflattich, Johanniskraut, Königskerze, Nachtkerze, Schlüsselblume, Sonnenblume, Wundklee und Leinkraut.
**Blau und Violett** wirken beruhigend, entspannend und konzentrationsfördernd. Blaue und violette Blüten besitzen Borretsch, Dost, Malve, Kornblume, Lavendel, Veilchen, Wegwarte und Ysop. Zuviel Blau kann durch seine „kalte" Wirkung auch trübe Stimmung verursachen.

wie Himbeerblätter oder Frauenmantelblätter besitzen viel Blattmasse und oft auch eine starke Blattbehaarung. So können sie eine Mischung verbinden. Eine passende Volumenpflanze für den Hustentee wäre die Lindenblüte, die aufgrund ihrer Schleimstoffe reizlindernd wirkt und durch ihre großen Tragblätter dem Tee Volumen und Halt gibt. Pro Mischung werden ein bis zwei Volumenpflanzen verwendet.

### Aromapflanzen bringen den Duft

Aromapflanzen sollen den Geschmack einer Mischung verbessern. Dazu nutzt man Pflanzen mit ätherischen Ölen, wie Zitronenmelisse, Pfefferminze, Fenchel oder Dost. Mit ihren feinen Aromen können sie weniger gut schmeckende Mischungs-Zutaten verträglich machen. Pro Mischung werden ein bis zwei Aromapflanzen verwendet. Die Aromapflanzen sollten sich an der Wirkung der Basispflanzen orientieren.

### Schmuckpflanzen liefern die Farbtupfer

Sie dienen vorrangig der Verschönerung des Tees. Gerne nimmt man dazu Blüten wie Kornblume, Ringelblume oder Malve. Diese Blüten haben aber nicht nur eine optische Wirkung, sondern auch eine Heilwirkung. Auch Schmuckpflanzen werden immer mit der gleichen Wirkungsrichtung wie das Basismittel ausgesucht. Beim Hustentee

## Welches Heilkraut für welche Aufgabe?

| Pflanze | Basis-pflanze | Volumen-pflanze | Aroma-pflanze | Schmuck-pflanze |
|---|---|---|---|---|
| Anis-Ysop | × | × | × | × |
| Baldrian | × | – | – | – |
| Basilikum | × | × | × | – |
| Bohnenkraut | × | – | × | – |
| Dost | × | – | × | × |
| Fenchel | × | – | × | – |
| Frauenmantel | × | × | – | – |
| Indianer-nessel | × | – | × | × |
| Johanniskraut | × | – | – | × |
| Kamille | × | – | × | × |
| Königskerze | – | – | – | × |
| Kornblume | – | – | – | × |
| Lavendel | × | – | × | × |
| Lindenblüte | × | × | × | – |
| Malve | – | – | – | × |
| Pfefferminze | × | × | × | – |
| Ringelblume | × | – | – | × |
| Rosenblüte | – | – | × | × |
| Rosmarin | × | – | × | – |
| Salbei | × | × | × | – |
| Schafgarbe | × | – | × | × |
| Spitzwegerich | × | × | – | – |
| Thymian | × | – | × | – |
| Zitronen-melisse | × | × | × | – |
| Zitronen-verbene | × | × | × | – |

wären dies beispielsweise Malve oder Königskerze. Es werden nicht mehr als zwei bis drei Schmuckpflanzen pro Mischung verwendet.

Die Blüten haben nicht nur eine positive Wirkung durch die in ihnen enthaltenen Wirkstoffe, sondern auch durch ihre leuchtenden Farben. Deren Einfluss auf den Heilungsprozess sollte man nicht unterschätzen! Die positive Wirkung der Farben auf die Psyche kann man schon beim Pflücken der Blüten im Garten erleben.

### Das 1 × 1 des Mischens

Eine gut zusammengestellte Teemischung enthält:

- 40–50 % Basispflanzen (1–2 verschiedene Kräuter),
- 20 % Aromapflanzen (1–2 verschiedene Kräuter),
- 15–20 % Schmuckpflanzen (2–3 verschiedene Kräuter) und
- 15–20 % Volumenpflanzen (1–2 verschiedene Kräuter).

Das sind pro Mischung maximal neun Pflanzen. Eine Pflanze kann in einer Teemischung natürlich mehrere Funktionen erfüllen. Ideal ist es, wenn Schmuckpflanzen, Volumenpflanzen und Aromapflanzen mit der Basispflanze identisch sind. Dann haben wir mit wenigen Zutaten eine heilkräftige, wohlschmeckende und schön aussehende Mischung.

## It's teatime!

Mit einem eigenen Kräutergarten können Sie entweder aus frischen oder aus getrockneten Pflanzen Tee genießen. Der Frischpflanzentee ist hinsichtlich des Geschmacks und der Wirkung eindeutig die bessere Wahl. Sie benötigen etwa 10 g frische Kräuter für 1 l Wasser. Mit dem Trocknen der Heiltees haben Sie ganzjährig Tee zur Verfü-

ie pinkfarbene Malve und die Königskerze (im intergrund) passen nicht nur wegen ihrer Heil-irkung in meinen Lieblings-Hustentee, sondern uch wegen ihrer Schönheit.

gung. Bei den getrockneten Kräutern benötigen Sie 3–4 g für 1 l Wasser.

Um möglichst viele Inhaltsstoffe in den Aufguss zu bekommen, sollten Sie den Tee vor dem Aufgießen stark zerkleinern.

### Genügend Platz zur Entfaltung

Bei der traditionellen Art der Teezubereitung benötigen Sie zwei Kannen. Dabei wird der Tee lose in die Aufbrühkanne gegeben und mit heißem Wasser übergossen. So kann sich der Tee am besten entfalten und seine Wirkstoffe ans Wasser abgeben. Filtersysteme, die den Tee „einsperren", sind deshalb nicht optimal. Nach dem Ziehen gießen Sie den fertigen Aufguss durch ein feines Küchensieb oder durch ein Baumwollnetz in die Servierkanne ab.

### MEIN LIEBLINGS-HUSTENTEE

Aus 30 g Blättern des Spitzwegerichs, 20 g Thymianzweigen, 15 g Dost, 15 g Lindenblüten, 10 g Malvenblüten und 10 g Königskerzenblüten können Sie einen wohltuenden Hustentee mischen. 3–4 g davon ergeben 1 l Tee.
Der Tee wurde nach den beschriebenen Mischkriterien zusammengestellt, wobei einzelne Pflanzen mehrere Funktionen erfüllen: Der Spitzwegerich ist Basis- und gleichzeitig Volumenpflanze, Thymian ist Basis- und Aromapflanze. Dost und Lindenblüten dienen als Aromapflanzen, Linde zusätzlich auch als Volumenpflanze. Eine Beetbepflanzung für diese Teemischung finden Sie auf Seite 22.

### FRAUEN-WOHLFÜHLTEE

Aus 30 g Frauenmantel, 20 g Schafgarbe, 15 g Blättern der Zitronenmelisse, 15 g Kamille, 10 g Rosenblüte und 10 g Gänsefingerkraut können Sie einen menstruationsregulierenden Tee mischen. 3–4 g davon ergeben 1 l Tee.
Auch dieser Tee orientiert sich an den beschriebenen Mischkriterien. Die sechs Pflanzen decken alle Zutatenkategorien ab und bilden eine harmonische Mischung. Auf Seite 26 ist eine Beetbepflanzung für diese Teemischung beschrieben.

Tees aus frischen Pflanzen sind im Aufguss eher hell, der Wirkung und dem Geschmack tut das aber keinen Abbruch.

Die aufgebrühten Kräuter können Sie sogar ein zweites Mal aufgießen, wie es bei hochwertigen Grüntees in China praktiziert wird. Da Wasser nicht für alle Wirkstoffe das beste Lösungsmittel ist, enthalten die abgesiebten Kräuter des ersten Aufgusses immer noch überraschend viele Inhaltsstoffe. Diese können in einem zweiten Aufguss herausgelöst werden. Der zweite Aufguss sollte möglichst bald nach dem ersten erfolgen.

### Die Wasserqualität und -temperatur

Das Wasser ist für die Qualität des Tees mitentscheidend. Tee benötigt weiches, kalkarmes Wasser, um Aromen und Wirkstoffe optimal herauszulösen. Über die Wasserhärte des Leitungswassers geben die zuständigen Wasserwerke Auskunft. Hartes Wasser muss mit einem Wasserfilter entkalkt werden.

Die Wassertemperatur spielt ebenfalls eine wichtige Rolle beim Teeaufguss. Kochendes Wasser lässt die leicht flüchtigen ätherischen Öle verdampfen. Diese wertvollen Heilstoffe wollen wir allerdings im Tee und nicht in der Raumluft! Deshalb wird das aufgekochte Wasser erst nach drei Minuten Abkühlzeit über die Kräuter gegossen.

Gleich nach dem Aufgießen verschließen Sie die Kanne mit einem Deckel. Die aufsteigenden ätherischen Öle kondensieren am Deckel und perlen in den Tee zurück.

### Die Ziehdauer

Die Ziehdauer der Tee-Aufgüsse aus getrockneten Kräutern liegt bei fünf bis sieben Minuten. Sind in der Teemischung vorwiegend Hölzer, Wurzeln, Samen oder Früchte enthalten, sollte sich die Ziehdauer des Aufgusses auf zehn bis fünfzehn Minuten erhöhen, denn durch die harte Zellstruktur geben sie die Wirkstoffe langsamer ab. Bei Frischkräutern genügt eine Ziehdauer von drei bis vier Minuten, da die Wirkstoffe schneller in das Wasser übergehen.

### Das Süßen

Heiltees müssen eigentlich nicht gesüßt werden. Falls Sie es doch für nötig halten, dann nehmen Sie einen milden Blütenhonig. Bei Husten- und Schlaftees kann eine Honigzugabe die Wirkung sogar sanft verstärken.

Gelagert wird Tee möglichst unzerkleinert. Damit viele Inhaltsstoffe in der Tasse landen, wird er kurz vor dem Aufguss gemörsert.

# Tinkturen aus dem Heilgarten

Zu einer gut ausgestatteten Hausapotheke gehören nicht nur heilsame Tees, sondern auch Tinkturen. Tinkturen sind wässrig-alkoholische Auszüge aus Heilpflanzen. Alkohol löst hervorragend Wirkstoffe aus der Pflanze und hat außerdem konservierende Wirkung. Deshalb sind Kräutertinkturen wirksamer als Tees, die nur die wasserlöslichen Stoffe enthalten. Für den Hausgebrauch können Sie sehr gut Spirituosen verwenden. Am besten eignen sich geschmacksneutrale Schnäpse wie Wodka, Korn oder Rum. Das Herstellen von Tinkturen ist einfach und im Vergleich zu den Handelsprodukten außerordentlich preiswert. Sie können aus jeder Heilpflanze Ihres Gartens eine Tinktur herstellen. Beachten Sie die optimalen Erntezeiten, um möglichst heilkräftige Tinkturen zu erhalten.

er Purpur-Sonnenhut (*Echinacea purpurea*) tärkt in der winterlichen Erkältungszeit unser mmunsystem. Getrocknet als Tee zeigt er wenig irkung, nur im frischen Kraut bleiben die eilstoffe komplett erhalten.

## WELCHE HEILPFLANZE FÜR WELCHE TINKTUR?

**Magen-Tinktur (Blähungen, Krämpfe):** Minze, Kamille, Kümmel, Fenchel, Zitronenmelisse
**Bittere Magen-Tinktur (Appetitlosigkeit):** Engelwurz, Enzian, Löwenzahn, Schafgarbe, Wermut
**Wund-Tinktur:** Johanniskraut, Lavendel, Ringelblume
**Husten-Tinktur:** Fenchel, Königskerze, Malve, Spitzwegerich, Thymian
**Schlaf-Tinktur:** Baldrian, Hopfen, Lavendel, Zitronenmelisse
**Herzstärkende Tinktur:** Weißdorn, Zitronenmelisse, Rosmarin
**Stimmungsaufhellende Tinktur:** Johanniskraut, Lavendel, Rose, Zitronenmelisse
**Harntreibende Tinktur:** Acker-Schachtelhalm, Brennnessel, Birke, Löwenzahn, Goldrute

Dass Frischpflanzenauszüge heilkräftiger sind, lässt sich schon an ihrem Geruch und Geschmack erkennen.

Bei einer Tinkturenmischung kann es passieren, dass die optimalen Erntezeiten der einzelnen Kräuter zeitlich auseinander liegen. In diesem Fall stellen Sie Einzel-Tinkturen her und mischen diese dann bei Bedarf.

## Frische Pflanzen, hohe Wirkung

Tinkturen aus der Apotheke werden aus getrockneten Pflanzen hergestellt. Mit einem eigenen Heilpflanzengarten haben Sie die Möglichkeit Alkoholauszüge aus frischen Pflanzen herzustellen, mit dem Pluspunkt, dass diese gehaltvoller und wirksamer sind. Die Wirkstoffe lösen sich aus den Zellwänden der Frischpflanzen wesentlich besser und schneller. Manche Pflanzen wie Purpur-Sonnenhut, Kapuzinerkresse und Johanniskraut sollten Sie unbedingt frisch verwenden, denn sie verlieren im getrockneten Zustand wesentliche Teile ihres Wirkprinzips.

Um eine möglichst hochqualitative Tinktur zu bekommen, werden die Pflanzen nicht in traditioneller Weise mazeriert, sondern im Alkohol feinst zerkleinert. So lösen sich die Wirkstoffe optimal aus den Pflanzenzellen. Sie benötigen dafür einen Mixer oder einen Mörser. Im Mixer dauert der Vorgang nur drei bis fünf Minuten. Alternativ geben Sie die Pflanzen zusammen mit dem Alkohol in einen Mörser mit rauer Innenfläche und verarbeiten das Ganze in ca. 20 Minuten zu einem flüssigen Brei. Durch diese Herstellungsweise bekommen Sie eine Tinktur mit vielen Wirkstoffen und intensivem Geschmack.

Zum Auslösen der Wirkstoffe wird die Tinktur in ein verschließbares Glas gefüllt. Das Konzentrationsgefälle zwischen Alkohol und Pflanzenteilen ist die treibende Kraft der Wirkstoffherauslösung. Es nimmt während der Extraktion kontinuierlich ab. Nach einer erstaunlich kurzen Zeit ist ein Konzentrationsgleichgewicht der Inhaltsstoffe zwischen Pflanze und Alkohol erreicht. Eine Tinktur besitzt schon nach fünf bis zehn Tagen ihr Auszugsoptimum; längere Auszugszeiten ergeben daher keinen Sinn.

### TINKTUR ZUR STEIGERUNG DER ABWEHRKRAFT

Für dieses Rezept nutzen Sie eine Mischung aus den auf Seite 25 beschriebenen Pflanzen. Nehmen Sie etwa 100 g zerkleinerte, frische Pflanzen auf 300 ml Alkohol. Sortieren Sie alle optisch nicht mehr einwandfreien Teile aus und zerkleinern Sie die Blätter und Blüten, damit die Wirkstoffe gut abgegeben werden können. Geben Sie die Kräuter zusammen mit dem Alkohol in einen Mixer oder Mörser und verarbeiten es zu einem dickflüssigen Brei. Diesen geben Sie dann in ein Glas und lassen ihn verschlossen fünf bis zehn Tage ziehen, aber setzen Sie dabei das Glas nicht dem direkten Sonnenlicht aus. Am besten schütteln Sie das Glas mehrmals täglich. Dann können Sie es durch ein Feinsieb filtern und gut auspressen. Zum Schluss lassen Sie den Auszug noch durch einen Kaffeefilter laufen, damit die Tinktur schön klar wird.

Zum Abschluss muss noch gut gefiltert werden, zuerst durch ein Feinsieb, dann durch einen Kaffeefilter. Dieser setzt sich durch die kleinen Partikel schnell zu und muss eventuell mehrmals ausgetauscht werden.

Lagern Sie Tinkturen in dunklen Braunglasflaschen. Für die praktische Dosierung haben sich Pipettenfläschchen bewährt. Nach zwei Jahren Lagerung nimmt der Wirkstoffgehalt langsam ab. Länger als drei Jahre sollten selbst hergestellte Tinkturen nicht verwendet werden.

Auf Seite 24 habe ich ein Beet zur Stärkung der Abwehrkräfte vorgestellt. Aus den Heilpflanzen dieses Beetes können Sie eine hochwertige Tinktur (siehe Rezept) herstellen. Ernten Sie die dort beschriebenen Pflanzen zum optimalen Zeitpunkt: Den Purpur-Sonnenhut, sobald der Hauptblütenstand voll erblüht ist, den Thymian einige Tage nach Blühbeginn, Wasserdost und Kapuzinerkresse bei Vollblüte, den Knoblauch nach Welken des Laubes. Mit etwas Glück haben alle im August ihr Ernteoptimum und können zusammen verarbeitet werden. Lediglich der Thymian muss schon im Juni angesetzt werden.

## WIE WENDE ICH TINKTUREN AN?

Nehmen Sie bei Bedarf dreimal täglich 10–15 Tropfen der Tinktur ein.
Mit Tinkturen können Sie auch ideal die Heilwirkung von Tees verstärken, weil sie jene Stoffe enthalten, die sich beim Teeaufguss in Wasser schlecht lösen. Wenn Sie zum Beispiel einem Salbeitee noch fünf Tropfen Salbeitinktur zufügen, haben Sie einen sich gut ergänzenden Wirkstoffkomplex. Bei äußerlicher Anwendung, etwa zum Gurgeln oder für Umschläge, benötigen Sie 1 EL auf 250 ml Wasser.

Oben: Je stärker Sie die Pflanzen zerkleinern, desto besser kann das Lösemittel Alkohol die Wirkstoffe aus den aufgebrochenen Zellen herauslösen.

Unten: Frische Ringelblumenblüten eignen sich für die Herstellung einer wundheilenden Tinktur.

# Heilsame Ölauszüge für die Haut

Heilöle sind Auszüge aus frischen oder getrockneten Pflanzenteilen, die vor allem die fettlöslichen Wirkstoffe der Ursprungspflanze enthalten. Einige bekannte Heilpflanzen werden traditionell als Ölauszug genutzt, etwa Arnika, Ringelblume oder Johanniskraut. Weitere typische Pflanzen für Heilöle sind Kamille, Malve und Klatschmohnblüten. Das Verfahren wird nicht nur für heilende oder kosmetische Zwecke genutzt, sondern auch für kulinarischen Genuss in Form von Würzölen (siehe Seite 117).

## Das richtige Basisöl

Für die Heilöl-Herstellung sollten Sie hochqualitative kaltgepresste Öle bevorzugen. Sie enthalten wertvolle Fettsäuren, Vitamine und Fettbegleitstoffe. Nehmen Sie oxidativ stabile Öle, denn diese zeichnen sich durch eine lange Haltbarkeit aus. Es eignen sich Olivenöl, Sesamöl, Kokosöl, Rapsöl und Erdnussöl. Vor allem natives Olivenöl ist eine gute Wahl, da es ausgezeichnete Heil- und Pflegeeigenschaften besitzt. Auch Jojobaöl eignet sich hervorragend wegen seiner langen Haltbarkeit und

Linke Seite: Für das Johanniskraut-Heilöl müssen die Pflanzen gut zerkleinert werden, damit die wertvollen Stoffe ins Öl übergehen.

Rechts: Geben Sie die Kräuter in ein weithalsiges, verschließbares Glas. Gießen Sie Öl darüber, bis sie gut bedeckt sind.

aufgrund seines geringen Eigengeruches. Für kosmetische Zwecke kommt auch Mandelöl in Frage, da es ausgesprochen pflegend und geruchsdezent ist. Allerdings ist es nicht so lange haltbar und relativ teuer. Auch kaltgepresstes Sonnenblumenöl besitzt nur eine relativ kurze Haltbarkeit. Deshalb müssen Sie diese weniger stabilen Öle schneller verbrauchen.

## Heilöle mit Sonnenenergie

Der Sonnenauszug nutzt die Wärme und Energie der Sonne, um die Wirkstoffe herauszulösen. Er wird in der Regel im Sommer durchgeführt, denn die Kräuter sollen einige Zeit in der (indirekten) Sonne stehen.

Für die Heilöl-Herstellung können Sie frische oder getrocknete Kräuter verwenden. Frische Kräuter sind wirkstoffreicher und geben aufgrund der weichen Zellstruktur ihre Inhaltsstoffe leichter in das Öl ab. Frische Pflanzen benötigen allerdings besondere Sorgfalt. Ihr Nachteil ist der hohe Wassergehalt, der bei unsachgemäßer Handhabung zu Schimmel führen kann. Um die Schimmelgefahr zu mindern, können die Frischkräuter einen Tag lang angewelkt werden. Außerdem müssen Frischpflanzen immer gut mit Öl bedeckt sein. Das Gefäß sollte nur mit einer Baumwollkompresse verschlossen sein, so dass das in den Kräutern befindliche Wasser verdunsten kann. Beim Abfiltern werden Frischpflanzen auf keinen Fall ausgepresst, damit der Wasseranteil im Öl nicht zu hoch wird. Dies würde die Haltbarkeit verschlechtern. Geben Sie es also in ein Sieb und lassen das Öl über Nacht ohne Druck abtropfen.

### So wird 's gemacht

Die verwendeten Pflanzenteile müssen sauber sein, schmutzige und kranke Teile werden sorgfältig aussortiert. Waschen ist nicht sinnvoll, denn Wasser und Öl vertragen sich nicht. Die Kräuter werden fein zerkleinert, um mehr Ansatzfläche für das Öl zu bieten.

Ein besonders wirkungsvolles und lange haltbares Öl bekommt man durch kürzere Extraktionszeiten, mäßige Sonnenwärme und Schutz vor intensivem UV-Licht!

Auf 500 ml Öl benötigen Sie ca. 40 g getrocknete bzw. 80 g frische Kräuter. Nun wird das Öl an einen warmen Ort gestellt. Damit sich das Öl nicht zu stark erhitzt, sind leicht beschattete Plätze vorzuziehen. Ein Ölauszug sollte nicht länger als 14 Tage im Sonnenlicht stehen. Das hat verschiedene Gründe:

» In der Sonne beginnen im Öl sehr schnell Zersetzungsprozesse, die Stabilität des Öles geht schon innerhalb weniger Tage verloren. Je höher die Temperatur, desto kürzer die Haltbarkeit der Öle. Wenn die Öle instabil werden, entziehen sie den darin befindlichen Heilpflanzen Stoffe, um sich selbst vor dem Ranzigwerden zu schützen. Das bedeutet: Je länger das Öl in der Sonne steht, desto mehr Heilstoffe gehen verloren.
» Ein weiteres Argument für kurze Extraktionszeiten ist das nach wenigen Tagen eintretende Konzentrationsgleichgewicht zwischen Pflanzenteilen und Öl. Wenn dieses erreicht ist, löst sich nichts mehr!

ie Lavendelernte war üppig. So
ird das Johanniskrautöl noch heil-
räftiger, denn Lavendel und Johan-
iskraut ergänzen sich in ihrer
undheilenden Wirkung.

» Nicht nur Wärme, sondern auch das UV-Licht mindert die Stabilität des Öles, was wiederum den Heilstoffen schadet. Haben Sie keine gefärbten Glasbehälter oder Steinguttöpfe zur Verfügung, sollten Sie die Auszüge nicht in die pralle Sonne, sondern nur in den hellen Schatten stellen. Oder Sie decken den hellen Auszugsbehälter mit einem Tuch ab. Entscheidend für die Extraktion ist die Sonnenwärme, nicht das Licht als solches.

Das Öl wird während dem Auszug möglichst mehrmals täglich geschüttelt oder gerührt, damit die Wirkstoffe ins Öl übergehen. Nach 10–14 Tagen wird das Öl durch ein Feinsieb abgesiebt. Anschließend kann das Öl noch durch einen Kaffeefilter gereinigt werden, dabei müssen Sie den Filter eventuell mehrmals wechseln.

### Heißauszug am Herd

Wenn die Sonne fehlt, um einen Auszug herzustellen, nutzt man die Methode des Heißauszugs. Dazu werden die zerkleinerten Kräuter und das Öl in eine feuerfeste Schüssel gegeben und im Wasserbad erwärmt. Die Temperatur sollte 60 °C nicht überschreiten. Machen Sie regelmäßig Temperaturkontrollen mit dem Thermometer! Der Auszug wird nun zwei bis drei Stunden auf Temperatur gehalten und immer wieder umgerührt. Dann wird das etwas abgekühlte Öl durch ein feines Sieb oder ein Baumwolltuch abgegossen und der Rückstand abgepresst.

### EIN BESONDERES JOHANNISKRAUTÖL

Für die Ölherstellung schneiden Sie das Johanniskraut erst am Ende der Vollblüte, einige Blüten müssen schon abgeblüht sein. Dann ist der Wirkstoffgehalt am höchsten. Achten Sie darauf, dass sowohl Blätter, Blüten, Knospen und grüne Samenkapseln ins Öl gelangen. Um ein besonders heilkräftiges Öl zu erhalten, nehmen Sie 60 g frisches Johanniskraut und 25 g Lavendel. Die feingeschnittenen Kräuter werden nun mit 500 ml Olivenöl übergossen und 10–14 Tage in der Sonne ausgezogen. Da die Wirkstoffe des Johanniskrautes sehr lichtempfindlich sind, sollten Sie Braungläser oder Steinguttöpfe verwenden.

## Heilöle lagern

Ob Heiß- oder Kaltauszug: Nach Abschluss der Mazeration füllen Sie das Öl in eine dunkle Flasche und beschriften diese. Bewahren Sie das Heilöl nun kühl, dunkel und gut verschlossen auf. Die Ölauszüge besitzen je nach Basisöl und Herstellungsweise eine Haltbarkeit von sechs bis zwölf Monaten. Ölauszüge können weiterverarbeitet werden zu Massageölen, Badeölen und Salben. Um die Wirkung des Auszuges sowie dessen Haltbarkeit zu erhöhen, können Sie noch ätherische Öle zusetzen, aber nur 1–2 %, also 10–20 Tropfen auf 50 ml. Auch durch die Zugabe von Jojobaöl (10 %) lässt sich die Haltbarkeit verlängern.

# Badevergnügen mit Kräutern

Was gibt es Schöneres, als mitten im Winter in einem Bad mit Kräutern aus dem eigenen Garten zu liegen und in den Düften der Sommertage zu schwelgen? Baden ist Entspannung für Körper, Geist und Seele. Es hilft dabei, Stress abzubauen und das innere Gleichgewicht herzustellen. Unterstützend können Sie beispielsweise einige Kerzen am Wannenrand anzünden oder entspannende Meditationsmusik abspielen. Das Badezimmer sollte angenehm temperiert sein.

Kräuterbäder sind jedoch nicht nur Wohlfühlen und Entspannen, sondern auch ein wertvolles Hausmittel. So können Sie mit einem Thymianbad eine aufkommende Erkältung lindern oder mit Ringelblume und Kamille die entzündete Haut beruhigen. Die zugesetzten Kräuter kommen verschiedenartig zur Wirkung: Sie wirken direkt auf der Haut, werden aber auch über die Haut resorbiert und über die Atemwege inhaliert. Bei medizinischen Bädern sollte die Badedauer 15-20 Minuten nicht überschreiten. Anschließend ist Bettruhe zu empfehlen, was die Wirkung des Kräuterbades verstärkt. Die ideale Badetemperatur beträgt 35–36 °C.

## Mein Grundrezept

Das Grundrezept für ein Kräuterbad ist immer das Gleiche: 50–80 g getrocknete Kräuter werden in einen großen Topf gegeben und mit 2–3 l heißem Wasser übergos-

Für ein Vollbad nimmt man 5-7 Tropfen ätherisches Öl, in etwas Sahne oder Honig gemischt.

### ENTSPANNENDES KRÄUTERBAD

Bereiten Sie aus 30 g Zitronenmelisse, 20 g Lavendelblüten und 10 g Malvenblüten mit 3 l Wasser einen starken Tee. Nach fünf Minuten können Sie ihn durch ein Sieb ins Badewasser geben. Für noch mehr Aroma mischen Sie fünf Tropfen Lavendelöl und zwei Tropfen Melissenöl oder Rosenöl in 200 ml Sahne und geben den Aromazusatz ins Badewasser. Die Sahne dient dazu, dass sich Öl und Wasser verbinden – eine Emulsion entsteht.

Und noch ein Tipp: Ein starker Tee aus Malvenblüten allein färbt das Badewasser wunderschön.

n der Regel nimmt man getrocknete Kräuter für
in Bad. Falls Sie frische Kräuter direkt aus
em Garten verwenden, nehmen Sie etwa die dop-
elte Menge.

## BADEKRÄUTER ZUM VERWÖHNEN

**entspannend, beruhigend:** Baldrian, Hopfen, Kamille, Lavendel, Zitronenmelisse
**anregend, belebend:** Bohnenkraut, Pfefferminze, Rosmarin, Thymian
**sinnlich, harmonisierend:** Jasmin, Rose
**entzündungshemmend, pflegend:** Kamille, Linde, Malve, Ringelblume, Schafgarbe

sen. Nach 5–10 Minuten Ziehzeit filtern Sie den Tee in das Badewasser ab.

Die Wirkung der Kräuter kann nun noch mit ätherischen Ölen verbessert werden. Da Öle nicht wasserlöslich sind, werden sie in 200 ml Milch oder Sahne emulgiert. Ebenfalls sehr hautpflegend ist Bienenhonig. Er eignet sich ebenfalls als Emulgator für die ätherischen Öle. Mischen Sie die Öle mit 5 EL Honig und geben Sie alles in die Badewanne. Sehr beliebt für sinnliche und entspannende Bäder ist die Zugabe von ätherischem Rosenöl. Auch eine Tasse Kräuteressig (siehe Seite 115) oder 4–5 EL Heilöl (siehe Seite 108 f.) oder 3 EL Meersalz eignen sich als wohltuender Badezusatz. So beruhigt beispielsweise ein Malven-Ölbad die gereizte Haut und ein Rosmarin-Ölbad belebt den Organismus.

## WIE EIN BAD IM MEER

Eine weitere Möglichkeit, Kräuter im Bad einzusetzen, ist Badesalz. Ein Bad mit Meersalz ist eine Wohltat für Körper und Seele. Die Mineralien und Spurenelemente des Salzes pflegen die Haut, die Kräuter bringen Duft in die Wanne. In hübsche Flaschen oder Gläser gefüllt, eignet es sich prima zum Verschenken. Dazu werden 500 g grobkörniges Meersalz mit 12–16 Tropfen ätherischem Öl gemischt und im Wechsel mit getrockneten Kräutern in hübsche Gläser geschichtet. Die Kräuter lassen Sie zwei Wochen im Salz ziehen. Für ein Vollbad geben Sie 4 EL Badesalz ins Wasser.

# Kräuter für Gourmets

## Bella Italia: Kräuterpesto

Wer kennt es nicht, das berühmte Pesto alla Genovese? Pesto kommt ursprünglich aus Ligurien, der Name leitet sich vom Italienischen „pestare" ab, was „zerstampfen" bedeutet. Das Originalrezept aus dem Jahre 1865 enthält neben Olivenöl nur Basilikum und Knoblauch, aber es eignen sich auch andere Kräuter. Zum Beispiel Bärlauch, Petersilie und Rucola. Auch Wildkräuter wie Giersch, Bärenklau und Löwenzahn sind willkommene Zutaten. Kräftig schmeckende Kräuter, wie Liebstöckel, Thymian, Oregano oder Salbei, eignen sich nur als würzende Zugabe, alleine wären sie zu konzentriert. Pesto können Sie geschmacklich variieren durch die Zugabe von Oliven, getrockneten Tomaten oder durch scharfe Gewürze wie Chili und Pfeffer. Dem Basilikum-Pesto werden traditionell Nüsse (Pinienkerne, Walnüsse, Mandeln, Haselnüsse, Sonnenblumenkerne) und Käse (Pecorino, Parmesan) zugefügt, was allerdings die Haltbarkeit reduziert. Sie können den Käse deshalb auch erst kurz vor dem Anrichten dazugeben.

## Experimentieren mit Aromen: Kräuteressig

Für die Kräuteressig-Herstellung eignen sich Basilikum, Bohnenkraut, Borretsch, Dill, Estragon, Kapuzinerkresse, Knoblauch, Lorbeer, Liebstöckel, Meerrettich, Petersilie, Rosmarin, Salbei, Schnittlauchblüten, Thymian, Zitronenmelisse, Zitronen-Thymian und Zitronenverbene, aber auch Gewürze wie Muskat, Ingwer, Chili oder Pfeffer. Der Fantasie sind keine Grenzen gesetzt. Früchte von Erdbeeren, Himbeeren, Heidelbeeren oder Kirschen bringen zudem noch Farbe und Fruchtaromen in den Ansatz. Blüten von Lavendel, Rose, Veilchen oder Holunder lassen einzigartige Essige entstehen.

Kräuteressig wird grundsätzlich aus frischen Kräutern hergestellt, da sie den Essig intensiver aromatisieren als getrocknete Kräuter.

## PESTO NACH GENOVESER ART

Nehmen Sie 100 g frische Kräuter, 125 ml kaltgepresstes Olivenöl, 15 g Knoblauch, 2 EL Zitronensaft und 1 TL Salz. Das Ganze wird im Mixer zerkleinert oder im Mörser zerstoßen und in sterilisierte Schraubgläser gefüllt. Vor dem Verschließen der Gläser geben Sie noch etwas Öl obenauf, das sorgt für eine bessere Konservierung. In dieser Form ist das Pesto im Kühlschrank gelagert acht bis zehn Monate. Kurz vor dem Anrichten geben Sie noch gemahlene, gegebenenfalls geröstete Nüsse und geriebenen Käse hinzu. Sie können 30 g Käse und 30 g Nüsse auch gleich untermischen, dann sollten Sie das Pesto innerhalb von 2 Monaten verbrauchen.

Pesto passt nicht nur zu Spaghetti, auch auf frischem Baguette ist es sehr lecker.

## KRÄUTERESSIG SELBSTGEMACHT

Zerkleinern Sie etwa 100 g frische Kräuter Ihrer Wahl und füllen Sie diese in ein verschließbares Glas. Nun füllen Sie 1 l Essig auf und achten darauf, dass keine Kräuter aus dem Essig herausragen. Der Ansatz wird ein bis zwei Wochen an einem hellen Platz am Fensterbrett ausgezogen. Schütteln Sie das Ganze mehrmals täglich, damit sich möglichst viele Aromen herauslösen. Dann durch ein Sieb gießen, in sterile Flaschen füllen und gut verschließen.

Zur Dekoration können Sie anschließend einen schönen Kräuterzweig in die Flasche stecken.

### Mein Grundrezept

Verwenden Sie nicht zu viele verschiedene Kräuter für einen Essig-Ansatz, damit man die einzelnen Aromen noch herausschmecken kann. Als Grundlage benutzen Sie hochwertigen Weinessig. Er liefert das beste Aroma und hat außerdem einen relativ hohen Säuregehalt, was die Haltbarkeit erhöht. Säuregehalte von 6 % sind von Vorteil.

Manche Rezepte verwenden heißen Essig zum Übergießen der Kräuter, damit sich die Aromen besser und schneller freisetzen und die Haltbarkeit verlängert wird. Allerdings werden durch die Erhitzung wertvolle Inhaltsstoffe zerstört. Der Vorteil des Erhitzens ist, dass sich keine Essigmutter bilden kann, die allerdings ein Zeichen der „Lebendigkeit" des Lebensmittels ist. Essigmutter ist eine gallertartige Masse, die von Essig-

KRÄUTERSALZ TOSKANA

Zermörsern Sie die folgenden Kräuter mit 500 g Meersalz:
20 g Basilikum, 20 g Bohnenkraut,
20 g Oregano, 20 g Majoran und
20 g Thymian

Beim Kräutersalz bringen Wildkräuter wie Brennnessel, Bärlauch, Giersch und Löwenzahn Pepp in die Mischung.

säurebakterien gebildet wird. Sie ist aber unbedenklich und kann aus ästhetischen Gründen einfach abgefiltert werden. Das Erhitzen des Essigs ist jedoch nötig, wenn größere Mengen Obst, Obstsaft, Sirup oder Honig eingearbeitet werden. Ansonsten besteht die Gefahr, dass der Essig zur Gärung kommt. Kräuteressig besitzt eine Haltbarkeit von etwa zwei Jahren.

Kräuteressige sind je nach ausgezogenen Kräutern auch äußerlich verwendbar als Badezusatz, für Einreibungen oder Haarspülungen.

## Kräutersalz bewahrt den Sommerduft

Hochwertige Zutaten sind Voraussetzung für ein gelungenes Endprodukt. Benutzen Sie Salze, die sich durch einen hohen Anteil an Spurenelementen auszeichnen, beispielsweise Meersalz oder hochwertiges Steinsalz. Der Kräuteranteil eines guten Kräutersalzes beträgt ca. 20 %. Sie benötigen also für 1 kg fertiges Kräutersalz 200 g getrocknete Kräuter und 800 g Salz. Sie werden erstaunt sein, wie viel Volumen die Kräuter dabei einnehmen, denn sie sind im Vergleich zu Salz sehr leicht. So viele Kräuter finden Sie in keinem handelsüblichen Kräutersalz, da die meisten Hersteller den Kräuteranteil mit preiswertem Gemüse strecken, etwa Sellerie, Zwiebeln, Karotten oder Knoblauch. Für die Salzherstellung eignen sich die bekannten Würzkräuter: Bärlauch, Bohnenkraut, Dill, Estragon, Liebstöckel, Majoran, Oregano, Petersilie, Rosmarin, Schabzigerklee, Schnittlauch, Salbei und Thymian. Sie können auch exotische

Ein beliebtes Basisöl ist kaltgepresstes Olivenöl, aber es eignen sich auch andere Öle, zum Beispiel Sonnenblumenöl.

Gewürze wie Chili, Curry oder Pfeffer hinzufügen. Wer es bunt mag, kann durchaus auch Blüten darin verarbeiten.

### Mein Grundrezept

Kurz vor der Herstellung werden die Kräuter zwischen den Handflächen zerkleinert oder durch ein Sieb gerebelt. Nun werden Salz und getrocknete Kräuter vermischt und nach und nach im Mörser fein zerrieben. Sie benötigen dazu einen Mörser mit rauer Innenfläche. Das Mörsern ist sehr wichtig, damit sich Farbe und Aromastoffe an das Salz anhaften. Wunderbar, welcher Duft sich in Ihrer Küche verbreitet! Das Salz wird nun in dicht schließende Behälter abgefüllt, damit der Duft erhalten bleibt und das Salz keine Feuchtigkeit anzieht. Das Kräutersalz hat eine Haltbarkeit von zwei Jahren.

Es gibt auch die Möglichkeit Kräutersalz aus frischen Kräutern herzustellen: Dazu vermischen Sie ein Gewichtsanteil Kräuter mit einem Gewichtsanteil Salz (z. B. 100 g Kräuter und 100 g Salz). Die Kräuter und das Salz werden entweder im Mixer oder im Mörser zu einer Masse verarbeitet, die feuchtem Sand ähnelt. Die Masse auf ein Backpapier geben und im Ofen oder Dörrgerät bei 35°C trocknen. Das dauert je nach Saftgehalt der Kräuter 5–6 Stunden. Anschließend wird das etwas verklumpte Salz nochmals im Mörser oder Mixer zerkleinert. Salze aus Frischkräutern haben intensivere Farben und Aromen.

## Kräuteröle zum Würzen

Kräuteröle sind ausgezeichnete Geschmacksträger, denn Öl nimmt das Aroma von Kräutern sehr gut auf. Öl und Wasser harmonieren bekannterweise nicht so gut, deshalb nimmt man für Kräuterwürzöle ausnahmsweise nur getrocknete Kräuter. Das verlängert auch die Haltbarkeit des Öles. Sollten Sie frische Kräuter verwenden, dann beachten Sie die Hinweise, die dazu bei der Heilölherstellung gegeben werden (Seite 109).

Es eignen sich Bärlauch, Basilikum, Bohnenkraut, Estragon, Koriander, Knoblauch, Kerbel, Liebstöckel, Lorbeer, Majoran, Oregano, Rosmarin, Salbei, Thymian, Ysop. Aber auch Gewürze wie Wacholder, Muskat, Chili, Pfeffer, Safran, Trüffel oder Zitronenschale sind als Zutat möglich.

### Mein Grundrezept

Für 1 l Öl benötigen Sie etwa 80 g getrocknete Kräuter. Damit sich im Öl möglichst viele Aromastoffe freisetzen, werden die Kräuter zuerst zerkleinert, in ein verschließbares Glas gegeben und dann gleich mit Öl übergossen. Es sollte mindestens ein Fingerbreit über den Pflanzen stehen. Das Öl bleibt nun etwa zehn Tage an einem

### KRÄUTERÖL NEAPOLITANA

Nehmen Sie dieses würzige Kräuteröl zum Beträufeln von Pizza oder Salaten. Geben Sie zu 1 l bestem Olivenöl: 30 g Thymian, 20 g Basilikum, 20 g Oregano, 10 g Rosmarin, drei kleine Chilischoten und zwei Knoblauchzehen. Zehn Tage ziehen lassen, abfiltern und schon ist das Öl fertig.

warmen, schattigen Ort stehen und wird gelegentlich umgerührt oder geschüttelt. Dann können Sie das Kräuteröl abfiltern und gut auspressen. Das fertige Öl wird in schöne Flaschen gefüllt.

In die Flaschen können Sie zur Dekoration getrocknete Kräuterzweige der entsprechenden Pflanze einlegen. Sehr dekorativ sind auch kleine Chilischoten, Lorbeerblätter oder ganze Oliven. Die Haltbarkeit ist abhängig von der Haltbarkeit des verwendeten Basisöles. Kaltgepresste Olivenöle können zehn bis zwölf Monate gelagert werden.

## Hochprozentige Kräuter

Am Beginn der Likörherstellung steht der Ansatzschnaps, der sich kaum von den Tinkturen unterscheidet. Mithilfe von Alkohol werden die Aromastoffe aus Kräutern und Gewürzen gelöst. Hierbei werden nur Kräuter verwendet, die ein intensiven Duft oder eine schöne Farbe haben. Ebenfalls interessant sind bitterstoffhaltige Kräuter, da Bitterschnäpse und -liköre sehr beliebt sind.

Der entscheidende Unterschied zwischen Ansatzschnaps und Tinktur ist das Herstellungsverfahren: Die frischen Kräuter dürfen auf keinen Fall zerrieben oder gemixt werden, denn bei Likören sind Trübstoffe aus optischen Gründen nicht erwünscht. Die frischen Kräuter also nur grob zerschneiden oder getrocknete Kräuter zwischen den Handflächen zerdrücken. Die Ansatzschnäpse werden nach der Ausziehzeit ungesüßt verwendet; für die Likörherstellung wird dann noch ein Süßungsmittel zugefügt.

### Mein Grundrezept

Die Alkoholbasis sollte möglichst neutral und mild sein, also Weinbrand, Whisky, Korn, Rum oder Wodka. Obstbrände haben dagegen oft einen starken Eigengeschmack. 40 % Alkoholgehalt wäre ideal für ein gutes Mazerationsergebnis.

Bei Likören spielt der Zucker eine entscheidende Rolle. Er wird als Zuckerlösung zugegeben, die Sie leicht selbst herstellen können. Dazu werden 200 g Zucker in 200 ml Wasser aufgelöst und aufgekocht. Falls Schaum hochsteigt, wird er mit einem Schaumlöffel abgenommen. Das Ganze lassen Sie noch 10 Minuten leicht köcheln. Die abgekühlte Lösung genügt, um 1 l Ansatzschnaps zu süßen. Sie können auch weniger Zuckerlösung zugeben, wobei das Verhältnis Zucker zu Wasser gleich bleiben sollte (z. B. 100 g Zucker – 100 ml Wasser). Falls Sie lieber mit Honig süßen, wählen Sie einen milden Blüten- oder Akazienhonig. Dieser wird im Wasserbad leicht erwärmt, bis er schön flüssig ist. Da Honig eine stärkere Süßkraft hat, genügen 100–150 g pro Liter Alkohol.

Sie benötigen für 1 l Alkohol etwa 80–100 g getrocknete Kräuter oder Gewürze. Wenn Sie frische Kräuter verwenden, sollten es etwa 120–150 g sein. Die zerkleinerten Kräuter werden mit Alkohol übergossen und etwa zehn Tage dicht verschlossen an einem warmen Ort ziehen gelassen. Nicht an die Sonne stellen! Mehrmals tägliches Schütteln verbessert den Übergang der Aromastoffe. Ansätze mit frischen Kräutern benötigen nur zwei bis drei Tage Ziehzeit, einige Kräuter wie Pfefferminze oder Zitronenverbene werden schon nach einigen Stunden abgesiebt.

Nach der Auszugszeit wird abgefiltert. Zuerst entfernen Sie mit einem Feinsieb die groben Bestandteile, dann erfolgen mehrere Durchgänge mit Kaffeefiltern. Zur Likörbereitung wird nach dem Filtrieren 100–150 g leicht erwärmter, flüssiger Honig oder die entsprechende Menge Zuckerlösung (150–200 ml) hinzugefügt. Nun können Sie den Likör in Flaschen füllen und einige Wochen ruhen lassen. Je länger er lagert, desto harmonischer wird sein Geschmack.

## KRÄUTERLIKÖR MIT ZITRUSDÜFTEN

Zerkleinern Sie 80 g frische Zitronenverbene, 50 g Zitronenmelisse und die Schale einer Bio-Zitrone. Bei der Zitrone die bittere weiße Innenschale nicht verwenden. Mit 1 l Korn übergießen und drei Stunden ziehen lassen. Mehrmals umrühren oder schütteln. Gut abfiltern und mit einer abgekühlten Zuckerlösung aus 200 g Zucker und 200 ml Wasser mischen.

## JOHANNISKRAUT-LIKÖR

Zerkleinern Sie 80 g frisches Johanniskraut mit hohem Blütenanteil. Außerdem geben Sie noch 60 g reife Himbeeren dazu. Mit 1 l Rum übergießen und 1 Woche ziehen lassen. Der Ansatz bekommt eine schöne rote Farbe. Nun wird gut abfiltriert und eine Zuckerlösung aus 150 g Zucker und 150 ml Wasser untergemischt.

Bei Likören können Sie die Aromen von Kräutern mit denen von Früchten kombinieren: Himbeeren, Brombeeren und Schwarze Johannisbeeren, Holunderbeere, Schlehe ...

# LIEBLINGS-KRÄUTER IM HEIL-PFLANZEN-GARTEN

Nachdem Sie die vielfältigen Einsatzmöglichkeiten von Kräutern für Gesundheit und Würze kennen gelernt haben, sind Sie sicher schon ganz gespannt auf die „Haupt-Akteure“. Zusammen mit den eingestreuten Kurz-Porträts im Hauptteil haben Sie ein heilwirksames und wohlschmeckendes Kräuter-Ensemble für Ihren eigenen Kräutergarten an der Hand.

# Anis-Ysop

Anis-Ysop, auch Duftnessel genannt, kommt ursprünglich aus Nordamerika und wurde früher von der indigenen Urbevölkerung gegen Erkältung und Husten eingesetzt. Der bis zu 80 cm hohe, mehrjährige Lippenblütler gehört in unseren Gärten zu den kurzlebigen Pflanzen, denn er wird meist nicht älter als drei Jahre. Die lang andauernde Blütezeit beginnt im Juli und lockt unzählige Schmetterlinge und Insekten an. Die ganze Pflanze duftet nach Anis .

*Agastache foeniculum*

**Anwendung und Wirkung:** Vorzügliche Teepflanze, wirkt verdauungsfördernd und schweißtreibend, hilft gegen Übelkeit und stressbedingte Magenbeschwerden. Frische junge Blätter verfeinern Süßspeisen und Salate.

**Standort und Pflege:** Volle Sonne, durchlässiger, nährstoffreicher und nicht zu feuchter Boden. Pflegeleicht, kaum Krankheiten und Schädlinge, lediglich der junge Frühjahrsaustrieb wird gern von Schnecken abgefressen. Im Frühjahr mit Kompost düngen. Über den Winter zieht sich die Pflanze in den Wurzelstock zurück. In kalten Lagen Winterschutz!

**Ernte und Trocknung:** Ernte der duftenden Blätter und Blüten während der Vollblüte (ab Juli) um die Mittagszeit, Blätter abstreifen und unzerkleinert trocknen. Während des Sommers mehrere Ernteschnitte möglich.

**Vermehrung:** Aussaat durch Vorkultur im Frühjahr, keimt leicht (Lichtkeimer), oder Stecklingsvermehrung im Sommer.

**Heilkräftige Verwandte:**

» Koreanische Minze (*A. rugosa*) stammt aus Asien und besitzt Minzaroma. Die in China bekannte Heilpflanze wirkt antibakteriell, verdauungsfördernd, schweißtreibend und fiebersenkend. Äußerlich kaum vom Anis-Ysop zu unterscheiden, auch hinsichtlich der Pflege keine Unterschiede.

» Lemon Ysop (*A. mexicana*) kommt aus Mexiko, rötliche Blüten. Etwas kälteempfindlicher als andere Duftnesseln, deshalb nur im Weinbauklima mehrjährig kultivierbar. Der Tee hat einen milden Zitronengeschmack, besonders die Sorte 'Toronjil Morado' besticht durch ein klares Zitronenaroma.

# Bärlauch

Der mehrjährige Bärlauch ist eines der beliebtesten Wildkräuter. Die jungen, nach Knoblauch duftenden Blätter bereichern die Frühjahrsküche. Nach der Blüte ziehen sich die Kräfte in die Zwiebel zurück, um im nächsten Frühjahr wieder auszutreiben.

*Allium ursinum*

**Anwendung und Wirkung:** Bärlauch hilft bei Arteriosklerose und Bluthochdruck, senkt den Cholesterinspiegel und regt die Verdauung an. Durch seine antibakterielle Wirkung sehr wirksam bei Darminfektionen. Frische Blätter als Würze, Blüten als Dekoration für Salate.

**Standort und Pflege:** Halbschattige, humusreiche Standorte und eine gute Feuchtigkeitsversorgung. Liebt lockere, tiefgründige Böden. Sehr robust und pflegeleicht, breitet sich bodendeckend am Gehölzrand aus. Als Mischkultur oder Spritzmittel angewendet, wirkt Bärlauch gegen Pilzerkrankungen.

**Ernte und Trocknung:** Ernte der Blätter von März bis April vor der Blüte, nach Blühbeginn nimmt der Gehalt an Wirkstoffen ab. Möglichst frisch verarbeiten, in Öl als Pesto, oder in Alkohol (Tinktur) und Essig konservieren. Im Sommer können die kleinen Zwiebelchen als Knoblauchersatz geerntet werden. Auch die knoblauchduftenden Blüten und die grünen Samenstände sind in der Küche verwendbar.

**Vermehrung:** Als Kalt- und Lichtkeimer wird Bärlauchsamen im Herbst breitwürfig ausgesät und angedrückt. Pflänzchen können dicht beisammen stehen, Bärlauch liebt den teppichartigen Stand.

**Heilkräftige Verwandte:**

» Zwiebel (*A. cepa*) und Knoblauch (*A. sativum*) besitzen ähnliche Heilwirkungen. Beide lieben sonnige und etwas trockenere, nährstoffärmere Standorte.

» Schnittlauch (*A. schoenoprasum*), mehrjährig und winterhart, steht gern im Halbschatten, benötigt Bodenfeuchtigkeit und nährstoffreiche Erde.

# Basilikum

Das einjährige Basilikum gehört zur Familie der Lippenblütler und kann bis zu 60 cm hoch werden. Basilikum ist eine Kulturpflanze, die ursprünglich aus den tropischen Gebieten Indiens stammt. Die Wildform, aus der es gezüchtet wurde, ist nicht mehr bekannt.

Ocimum basilicum

**Anwendung und Wirkung:** Basilikum wirkt verdauungsfördernd, blähungstreibend und krampflösend. Basilikumduft soll außerdem die Konzentration fördern. Beliebtes Küchengewürz, besonders das grünblättrige Genoveser Basilikum – Hauptzutat des berühmten Pestos (siehe Seite 114).

**Standort und Pflege:** Bevorzugt sonnige, warme Standorte und nährstoffreiche Böden. Sehr kälteempfindlich, stirbt schon bei Temperaturen unter 5 °C ab, gedeiht bei nasskaltem Wetter kaum. Sehr wasserbedürftig, mag aber keine Staunässe. Wichtigste Schädlinge sind Schnecken, vor allem bei Jungpflanzen.

**Ernte und Trocknung:** Ernte während der Vollblüte im Sommer (Juni / Juli). Blühendes Kraut zwei Handbreit über dem Boden schneiden, zweiter Ernteschnitt im September möglich. Künstliche Trocknung sinnvoll, denn es trocknet sehr schwer. Weitere Konservierungsmethoden sind Einlegen in Öl oder Einfrieren.

**Vermehrung:** Vorkultur unter Glas. Aussaat ab Mitte März in Saatkisten (Lichtkeimer!). Pflänzchen pikieren und ab Mitte Mai auspflanzen. Abkneifen der Hauptblütentriebe fördert die Bildung neuer Seitentriebe. Saatgut vieler Basilikumsorten im Handel, große Unterschiede in Duft, Blattgröße, Blatt- und Blütenfarbe, z. B. Sorten mit Anis-, Zimt-, Zitronen- und Kampferduft. Diese Sorten eignen sich auch sehr gut für Tee.

**Heilkräftige Verwandte:**

» Indisches Tulsi (*O. sanctum*), auch Heiliges Basilikum genannt, besitzt große Heilkraft. Sehr robust, kaum Krankheiten und Schädlinge. Mehrjährige Art, aber nicht winterhart, muss in einem hellen kühlen Raum überwintert werden.

# Bohnenkraut

Das Garten-Bohnenkraut ist ein einjähriger Lippenblütler, der bis zu 50 cm hoch wachsen kann. Es ist ein beliebtes Küchengewürz mit pfeffrigem Aroma. Im Mittelalter wurde das Bohnenkraut gerne verwendet, da es den teuren Pfeffer ersetzen sollte. Man glaubte auch, „es reitze zu ehelichen wercken“, denn es galt als Aphrodisiakum.

Satureja hortensis

**Anwendung und Wirkung:** Bohnenkraut wirkt appetitanregend, verdauungsfördernd und entblähend. Enthält im ätherisches Öl ähnliche Stoffe wie Thymian, dementsprechend auch bei Erkältungen und Husten wirksam.

**Standort und Pflege:** Bevorzugt sonnige Plätze und leichte, lockere Böden. Beete vor der Aussaat mit etwas Kompost versorgen. Geringer Wasserbedarf. Zwischen Bohnen gepflanzt, wirkt es auf diese ertragssteigernd und vertreibt Bohnenläuse.

**Ernte und Aufbewahrung:** Beste Erntezeit zwischen Blühbeginn und Vollblüte, ideale Tageszeit mittags. Nicht zu tief schneiden, damit zweiter Austrieb möglich wird. Geschnittene Zweige als Ganzes trocknen und erst bei Bedarf zerkleinern.

**Vermehrung:** Direktsaat ab Anfang Mai (Lichtkeimer). Bei zu dichtem Stand steigt die Anfälligkeit gegen Pilzerkrankungen. Gute Sorten aus deutscher Züchtung mit hohem Gehalt an ätherischem Öl sind ‘Aromata’ oder ‘Compact’.

**Heilkräftige Verwandte:**

- Berg-Bohnenkraut (*S. montana*) ist mehrjährig und winterhart, besitzt ähnliche Inhaltsstoffe und ähnliche Heilwirkung. Bezüglich der Nährstoffe anspruchsloser als das einjährige Bohnenkraut; benötigt etwas mehr Kalk. Kräftiger Rückschnitt im Frühjahr, damit es gleichmäßig austreibt.
- Zitronen-Bohnenkraut (*S. montana* var. *citriodora*) ist eine Varietät des Berg-Bohnenkrauts mit einem würzigen Zitronenaroma. Eignet sich auch vorzüglich für Tee.

# Dost, Oregano

Der mehrjährige Dost ist eine in Mitteleuropa heimische Origanum-Art und galt früher als Abwehrmittel gegen Verzauberung. Der Lippenblütler wird etwa 60 cm hoch. Im Gegensatz zu seinen südeuropäischen Verwandten ist er weniger aromatisch. Die schönen rosavioletten Blüten locken im Sommer zahlreiche Insekten an.

Origanum vulgare

**Anwendung und Wirkung:** Dost wirkt schleim- und krampflösend, verdauungsfördernd, hilfreich bei Husten und Störungen im Magen-Darmbereich. Auch als Genusstee und Würzkraut verwendbar.

**Standort und Pflege:** Warme, sonnige Plätze, durchlässiger und eher trockener Boden. Liebt kalkhaltige Standorte (pH-Wert von 6,5–7). Sehr anspruchslos, zu viel Düngung schadet dem Aroma, es genügt eine Kompostgabe im Frühjahr. Krankheiten und Schädlinge tauchen selten auf. Extrem winterfest.

**Ernte und Trocknung:** Geerntet wird ab Juni während der Blüte, dann sind die meisten Aromen enthalten. Optimale Erntezeit mittags. Blätter und Blüten von den Stängeln streifen und unzerkleinert im Schatten trocknen. Unbedingt die Blüten mit verwenden, denn sie besitzen besonders viele Öldrüsen.

**Vermehrung:** Vermehrt wird durch Vorkultur in Schalen im Frühjahr oder durch Wurzelstockteilung. Dost ist ein Lichtkeimer und keimt langsam.

**Heilkräftige Verwandte:** Südländische Arten sind wesentlich aromatischer bei gleichen Standortansprüchen, sie eignen sich mit ihrem typischen Oreganoduft für die italienische Küche:

» Kreta-Oregano (*O. onites*), zierliche kleinblättrige Pflanze mit einmaligem Aroma, benötigt etwas Winterschutz.
» Griechischer Oregano (*O. vulgare* ssp. *hirtum*) blüht weiß und ist sehr winterfest, intensiv-aromatisches Pizzagewürz.
» Majoran (*O. majorana*), sonnenhungrige, kälteempfindliche Pflanze, wird kurz nach Blühbeginn geerntet, da sie dann besonders viel ätherisches Öl enthält, beliebtes Gewürz.

Foeniculum vulgare

**Anwendung und Wirkung:** Fenchelfrüchte helfen durch ihre krampflösende und auswurffördernde Wirkung bei Verdauungsproblemen, Blähungen und Husten, wird auch gerne als Küchengewürz und in Kindertees eingesetzt. Junge, frische Fenchelblättchen eignen sich als Gewürz.

**Standort und Pflege:** Fenchel liebt sonnige, warme Standorte und tiefgründige, nährstoffreiche Böden. Kalkhaltiger Boden (pH-Wert 6,5) wird bevorzugt. Einmalige Kompost-Düngung im Frühjahr, zu viel mindert den Früchteertrag. Regelmäßig gießen. Fenchel ist winterhart, kann aber in strengen Wintern eingehen. Winterschutz mit Strohdecke ist hilfreich. Mögliche Schädlinge sind Blattläuse, Raupen und Wanzen, aber vor allem Wühlmäuse, die den saftigen Wurzeln zusetzen.

**Ernte und Trocknung:** Geerntet werden die aromatischen Früchte, wenn ihre Farbe von graugrün zu braun wechselt. Früchte reifen erst sehr spät und zeitlich versetzt ab. Von September bis Oktober jeweils die reifen Dolden ausschneiden. Künstliche Trocknung sinnvoll, da im Herbst warme Sonnentage für natürliche Trocknung rar sind.

**Vermehrung:** In Vorkultur ziehen oder am besten direkt aussäen (Dunkelkeimer). Da meist zweijährig, erst im August säen und im Folgejahr ernten. Einjährige Sorten im März säen, damit sie im gleichen Jahr zur Reife kommen. Einjährig ist z. B. die Sorte ‘Berfena’, zweijährig die Sorte ‘Großfrüchtiger’. Einjährig und zweijährig bezieht sich in diesem Fall auf den Zeitpunkt der Blüte, beide sind mehrjährig kultivierbar.

# Fenchel

Der mehrjährige Fenchel ist eine mächtige Staude. Sie kommt ursprünglich aus dem Mittelmeerraum und wird bis zu 2 m hoch. Für den Heilpflanzenanbau nutzt man den Bitter-Fenchel (*var. vulgare*), beim Gemüse- oder Knollen-Fenchel handelt es sich um eine andere Varietät (*var. azoricum*).

# Frauenmantel

Der mehrjährige, winterharte Frauenmantel wird bis zu 30 cm hoch. Er bildet attraktive Polster mit filigranen, gelblich-grünen Blütenbüscheln und handförmig geteilten Blättern. Den Wassertropfen, die sich in der Mitte der wasserabstoßenden Blätter (Lotuseffekt) sammeln, wurden früher magische Kräfte zugesagt. Unter anderem haben sich die mittelalterlichen Alchemisten dafür interessiert.

Alchemilla xanthochlora

**Anwendung und Wirkung:** Frauenmantel wirkt zusammenziehend, entzündungshemmend, wundheilend und menstruationsregulierend. Klassische Pflanze der Frauenheilkunde bei Menstruations- und Wechseljahresbeschwerden, auch bei Magen-Darmerkrankungen und als Spülung bei Entzündungen in Mund und Rachen. Einsetzbar als Tee oder Tinktur. Die jungen Blätter sind auch als Salat verwendbar. Auch die in Gärten gepflanzte Art Alchemilla mollis ist verwendbar.

**Standort und Pflege:** Sonnige bis halbschattige Standorte und feuchter, humushaltiger Boden. Einmal jährlich eine kräftige Kompostdüngung im Frühjahr genügt. Um sauberes Erntegut zu haben, sollten Sie um die Pflanzen herum mulchen.

**Ernte und Trocknung:** Ernte während der Vollblüte ab Mai, beste Tageszeit nachmittags. Sowohl Blätter als auch Blüten werden geerntet und unzerkleinert im Schatten getrocknet. Trocknet schnell und unkompliziert.

**Vermehrung:** Aussaat im Herbst direkt im Freien (Kaltkeimer) oder Wurzelstockteilung im Herbst oder Frühjahr.

**Heilkräftige Verwandte:**

» Silber-Frauenmantel (*A. alpina*) mit silbrig behaarten, fingerförmigen Blättern, kleiner im Wuchs, mehrjährig, winterhart, benötigt unbedingt sauren, nährstoffarmen Boden. Ist in der Volksheilkunde der Schweiz sehr beliebt.

# Indianernessel

Die mehrjährige Indianernessel, auch Gold-Melisse genannt, nutzten schon die Ureinwohner Nordamerikas als Heilpflanze. Sie kam jedoch als Zierpflanze nach Europa und wird bis 1 m hoch. Mit ihren dekorativen Blüten ist sie eine optische Bereicherung für den Heilkräutergarten. Scharlachrote Sorten wie 'Cambridge Scarlet', 'Präriebrand' oder 'Squaw' sind besonders farbintensiv.

Monarda didyma

**Anwendung und Wirkung:** Aromatisch-würziger Tee aus Blättern und Blüten wirkt krampflösend und verdauungsfördernd, aber auch hilfreich bei fiebrigen Erkältungen und Husten. Der Geschmack erinnert an Bergamotte (Earl-Grey-Aroma) mit einem Hauch Thymian. Blüten als Dekoration für Salate und Süßspeisen geeignet.

**Standort und Pflege:** Sonnige, nährstoffreiche und feuchte Standorte. Regelmäßig gießen, im Frühjahr mit Kompost versorgen. Sehr mehltauanfällig, kann aber durch regelmäßige Schachtelhalmspritzungen gestärkt werden. Winterharte Staude, zur Verjüngung den Wurzelstock alle drei Jahre teilen.

**Ernte und Trocknung:** Erntezeit beginnt mit der Blüte ab Juli, möglichst mittags, mehrere Ernteschnitte möglich. Blätter und Blüten vom Stängel streifen, schnelle und einfache Trocknung.

**Vermehrung:** Aus Samen gezogene Pflanzen können sich bei der Blütenfarbe in rosa, rote oder violette Varietäten aufspalten. Um gleiche Blütenfarben wie bei der Mutterpflanze zu erhalten, besser durch Stecklinge oder Wurzelstockteilung vermehren.

**Heilkräftige Verwandte:**

» Wilde Monarde (*M. fistulosa*), winterhart, blüht rosa und besitzt ein intensiveres Aroma als die Indianernessel, stark schweißtreibende Wirkung, kommt auch mit trockenen Standorten zurecht.
» Rosen-Monarde, eine Züchtung aus der Wilden Monarde, rosa blühende Staude, wunderbarer Rosenduft, hervorragend für Teemischungen und Potpourries geeignet.
» Zitronen-Monarde (*M. citriodora*), einjährig, würziges Zitronenaroma, eignet sich sehr gut als Teepflanze, kann ab Mai direkt ins Freiland gesät werden.

# Johanniskraut

Das mehrjährige, winterharte Johanniskraut wird bis zu 90 cm hoch. Mit den leuchtend gelben Blüten zaubert es heitere Farbtupfer in den Kräutergarten. Ein schöner Kontrast zum lila blühenden Lavendel! Die Blüten geben beim Zerdrücken einen roten Farbstoff ab. Die Blätter besitzen durchscheinende Öldrüsen, wodurch die Blätter wie punktiert wirken - daher der botanische Name „perforatum“ (= durchlöchert). Weil Johanniskraut im Ruf stand, böse Geister fernzuhalten, soll einer Sage nach der verärgerte Teufel die Blätter mit einer Nadel durchlöchert haben.

Hypericum perforatum

**Anwendung und Wirkung:** Johanniskraut wirkt als Tee oder Tinktur nervenstärkend und antidepressiv, wird eingesetzt bei Stimmungsschwankungen, Unruhe und nervösen Schlafstörungen. Äußerlich als Johanniskrautöl wundheilend und entzündungshemmend.

**Standort und Pflege:** Vollsonnige Standorte, nährstoffarmer und durchlässiger Boden. Beete gut kalken (pH-Wert 6,5-7), um Cadmiumaufnahme zu blockieren, denn Johanniskraut neigt zur Speicherung des Schwermetalls. Stickstoff-Düngung wirkt sich negativ auf die Inhaltsstoffe aus, aber eine Düngung mit etwas Holzasche fördert Wirkstoffausbildung. Sehr gefährdet durch Pilzerkrankungen (Welkekrankheit). Pflanzen verfärben sich rötlich und sterben ab, befallener Bestand muss sofort entfernt werden.

**Ernte und Trocknung:** Bei Vollblüte wird der Blühhorizont (20 cm) ab Ende Juni geschnitten, an einem warmen Tag um die Mittagszeit. Zweiter Schnitt ist im September möglich. Als Ganzes mit Stängel im Schatten trocknen und erst bei Bedarf zerkleinern.

**Vermehrung:** Jungpflanzenanzucht in Vorkultur oder Direktsaat ab März (Lichtkeimer!), keimt langsam. Vermehrung auch durch Stecklinge oder Wurzelstockteilung möglich.

**Heilkräftige Verwandte:**

» Zitronen-Johanniskraut (*H. hircinum*), mehrjährig, im Weinbauklima winterhart, duftet nach Zitrone mit einem Hauch Eukalyptus, wohlschmeckender Tee. Gleiche Standortansprüche wie das Echte Johanniskraut.

# Kamille

Die Kamille gehört zu den bekanntesten Heilpflanzen. Der kleine Korbblütler ist einjährig und wird bis zu 50 cm hoch. In früheren Zeiten war Kamille eine wichtige Pflanze der Frauenheilkunde, kaum wegzudenken von den Beschwerden des Wochenbetts und der Versorgung der Säuglinge.

Matricaria recutita

**Anwendung und Wirkung:** Aromatischer Tee, wirkt entzündungshemmend, wundheilend, beruhigend und krampflösend, hilfreich bei Magen-, Darm- und Menstruationsbeschwerden, sowie bei Entzündungen der Haut.

**Standort und Pflege:** Sonnige Standorte und mäßig feuchter Boden. Optimal ist ein pH-Wert von 6. Niedriger Nährstoffbedarf, zuviel Düngung hat negativen Einfluss auf die Blütenbildung. Beete mit Holzasche bestäuben, denn Phosphor fördert Blütenbildung. Sehr pflegeleicht, aber anfällig gegen Läuse. Vorzügliche Mischkulturpflanze, da sie Wachstum und Gesundheit ihrer Nachbarn fördert.

**Ernte und Trocknung:** Erntebeginn mit der Blüte ab Juni, optimale Tageszeit ist mittags. Pflückkämme sind sehr hilfreich. Geerntet wird, wenn sich die gelben Blütenböden nach oben gewölbt haben und die weißen Strahlenblüten nach unten zeigen. Zu späte Ernte kann beim Trocknen zum Zerfall der Köpfchen führen.

**Vermehrung:** Aussaat im Herbst (September) direkt an Ort und Stelle, aber auch Frühjahrsaussaat ist möglich (März / April). Samen sind Lichtkeimer und werden deshalb nicht mit Erde bedeckt. Zur leichteren Aussaat den winzigen Samen mit Sand mischen. Bekannte Saatgut-Züchtungen mit hohem Wirkstoffgehalt sind beispielsweise ‘Bodegold’ und ‘Manzana’.

**Heilkräftige Verwandte:**

» Römische Kamille (*Chamaemelum nobile*) kommt aus Südeuropa, wächst buschig-niederliegend und hat einen fruchtigen Duft. Sie ist mehrjährig und winterhart.

# Kapuzinerkresse

Die Kapuzinerkresse kam erst im 16 Jahrhundert als Zierpflanze nach Europa. Die spanischen Eroberer waren fasziniert von den leuchtenden Blütenfarben und brachten damals die ersten Exemplare aus Südamerika in ihr Heimatland. Den Namen bekam die Pflanze wegen der kapuzenform der gespornten Blüten, die an die Ordenstracht der Kapuzinermönche erinnerte. Die frostempfindliche Pflanze kann bei uns nur einjährig kultiviert werden.

Tropaeolum majus

**Anwendung und Wirkung:** Die pfeffrig scharfen Blätter und Blüten enthalten Senfölglykoside, die antibakteriell und immunsteigernd wirken, vor allem hilfreich bei Infektionen der Harnwege und bei Erkältungskrankheiten. Blüten und Blätter als Zugabe und Dekoration für Salate geeignet, grüne weiche Samen besitzen eine besondere Schärfe.

**Standort und Pflege:** Sonnige und nährstoffreiche Standorte. Regelmäßig gießen und gut mit Kompost versorgen. Anfällig für Läusebefall, sehr frostempfindlich.

**Ernte und Trocknung:** Erntezeit beginnt mit der Blüte. Blätter und Blüten werden frisch verarbeitet (z. B. Tinktur), sie sind nicht für die Trocknung geeignet.

**Vermehrung:** Wegen Frostempfindlichkeit Aussaat unter Glas ab April oder im Freien erst ab Mitte Mai. Dunkelkeimer, Samen ca. 2 cm mit Erde bedecken! Blütenfarbe kann zwischen Rot, orange und gelb variieren.

**Heilkräftige Verwandte:**

- Kleine Kapuzinerkresse (*T. minus*), im Gegensatz zur rankenden *Tropaeolum majus* buschiger Wuchs, gut geeignet für Töpfe und Balkonkästen.
- Knollige Kapuzinerkresse (*T. tuberosum*) bildet stärkehaltige Knollen, die gegessen werden können.

Verbascum densiflorum

**Anwendung und Wirkung:** Königskerze wirkt reizlindernd, schleimlösend und harntreibend. Bestandteil von Hustenteemischungen. Gelbfarbiger Tee, schmeckt leicht süßlich. Blüten dienen auch als Speisedekoration, dazu behaarte Staublätter ausknipsen, denn diese kratzen im Hals!

**Standort und Pflege:** Sonniger, warmer Standort, durchlässiger, trockener bis mäßig feuchter Boden. Kalkliebend, anspruchslos bezüglich Düngung, zu viel Düngung mindert Blütenertrag. Windgeschützte Lage sinnvoll, da hohe Blütenstängel bei Sturm umgedrückt werden, eventuell sind Stützpfähle nötig. Schädigung durch Blattfraß von Raupen, gelegentlich auch Mehltau.

**Ernte und Trocknung:** Ab Juni tägliche Blütenernte vormittags, denn mittags werden die Blüten schlaff und fallen ab. Rasche künstliche Trocknung nötig, damit goldgelbe Farbe erhalten bleibt. Unbedingt luftdicht verschlossen lagern, da Blüten Feuchtigkeit anziehen. Gefährdet durch Lebensmittelmotten.

**Vermehrung:** Vorkultur in Saatkisten oder direkt ins Freie, Sommeraussaat sinnvoll (Juli / August), da zweijährige Pflanze. Lichtkeimer, deshalb Saatgut nicht bedecken.

**Heilkräftige Verwandte:** Ebenfalls verwendbar sind andere Verbascum-Arten mit kleineren Blüten, dadurch erhält man ein geringeres Ernteergebnis:

- Windblumen-Königskerze (*V. phlomoides*)
- Kleinblütige Königskerze (*V. thapsus*)
- Schwarze Königskerze (*V. nigrum*) mit sehr kleinen Blüten und violett behaarten Staubblättern.

# Königskerze

Die zweijährige Großblütige Königskerze ist eine imposante Pflanze, die bis zu 2 m hoch wird. Ihre sonnige Blütenpracht hat auch die Äbtissin Hildegard von Bingen (1098–1179) inspiriert, denn sie verordnete sie bei einem „schwachen, traurigen Herz“. Als Marienpflanze wird sie bis heute in die an Maria Himmelfahrt geweihten Kräuterbüschel gebunden.

# Kornblume

Diese einjährige Sommerblume war vor der Industrialisierung der Landwirtschaft häufig auf Getreidefeldern anzutreffen. Wegen ihrer himmelblauen Blüten galt sie früher als Augenheilpflanze. Im Heilpflanzengarten sind besonders leuchtend blaue, gefüllt blühende Sorten schön. Im antiken Griechenland wurde sie als Wundpflanze für die damals nicht seltenen Kampfverletzungen genutzt.

Centaurea cyanus

**Anwendung und Wirkung:** Wird heute nur noch selten medizinisch genutzt. Tee wirkt leicht harntreibend und entzündungshemmend. Blütenblätter zur essbaren Dekoration von Salaten oder in Teemischungen als Schmuckdroge. Die Blüten sind geschmacksneutral und werden als farbig-schöne Zutat beigemischt, sie behalten auch in getrocknetem Zustand ihre Farbe.

**Standort und Pflege:** Sonnig bis halbschattig, durchlässiger, mäßig feuchter Gartenboden. Pflegeleicht, aber anfällig für Mehltau und Schwarze Bohnenlaus. Nur sparsam düngen, damit viele Blüten ausgebildet werden. Farbenprächtige Mischkulturen mit Klatsch-Mohn oder Ringelblume möglich.

**Ernte und Trocknung:** Nach Blühbeginn alle ein bis zwei Tage die blauen Blütenköpfchen herausbrechen. Regelmäßiges Ernten verlängert die Blühzeit, sodass acht Wochen lang geerntet werden kann. Damit die empfindlichen Farbstoffe nicht ausbleichen, schnell trocknen (1–2 Tage), am besten mit künstlicher Wärmezufuhr bei 40 °C. Ausgeblichene Blüten sind für Tees nicht mehr geeignet.

**Vermehrung:** Aussaat ab April direkt ins Freiland (Lichtkeimer), auch Herbstaussaat im September möglich. Dichter Stand erhöht die Blütenbildung. Da die bis 80 cm hohen Pflänzchen bei Wind und Regen gern umkippen, benötigen sie eine Stütze. Stecken Sie z. B. jeweils an die Enden der Reihe Pflöcke und fixieren Sie dann die Reihe mit einer Schnur.

Lavandula angustifolia

**Anwendung und Wirkung:** Echter Lavendel wirkt als Tee oder Badezusatz beruhigend, entspannend, angstlösend und schlaffördernd. Ätherisches Lavendelöl hat wundheilende Wirkung, hilft auch bei Verbrennungen und Pilzerkrankungen der Haut. Lavendel-Duftkissen bringen Schlaf, im Wäscheschrank halten sie Kleidermotten fern.

**Standort und Pflege:** Lavendel liebt vollsonnige, trockene und kalkhaltige Standorte. Böden sollen durchlässig und eher nährstoffarm sein. Kräftiger Rückschnitt gleich nach der Blütenernte. In kalten Regionen Winterschutz mit Stroh und Reisig.

**Ernte und Trocknung:** Optimale Erntezeit in der Vollblüte im Juni / Juli, wenn an der Blütenähre schon ein Teil der Einzelblüten verwelkt sind. Ganze Blütenähren trocknen und erst bei Bedarf zerkleinern.

**Vermehrung:** Lavendelsamen keimt langsam und unregelmäßig, deshalb vorzugsweise Vermehrung durch Stecklinge. Beim Kauf von Lavendelpflänzchen große Auswahl, viele Sorten und Züchtungen mit unterschiedlich gefärbten Blüten, schöne dunkelviolette Auslesen, z. B. 'Hidcote Blue' oder 'Munstead'.

**Heilkräftige Verwandte:**

- Zahn-Lavendel (*L. dentata*), duftet harzig, erinnert an Kampfer, nicht winterhart.
- Schopf-Lavendel (*L. stoechas*), feines Aroma nach Zimt und Kampfer, muss im Haus überwintern, im Weinbauklima mit Winterschutz auch draußen.
- Speik-Lavendel (*L. latifolia*), wie Echter Lavendel winterfest, ggf. mit Winterschutz.

# Lavendel

Der mehrjährige Halbstrauch zählt zu den Lippenblütlern und wird bis zu 80 cm hoch. Der Echte Lavendel ist vor allem bekannt durch den großflächigen Anbau in der Provence für die Parfümindustrie. Angebaut wird inzwischen allerdings immer seltener der Echte Lavendel, sondern ein steriler, aber ertragreicherer Hybrid namens Lavandin (*Lavandula × intermedia*).

# Malve

Die ein- bis zweijährige Malve wird bis zu 180 cm hoch. Über acht Wochen öffnen sich täglich bis zu 100 Blüten. Für Heilzwecke wird nicht die heimische, sondern die Mauretanische Malve verwendet, eine Unterart (ssp. *mauritiana*) mit größeren und schöneren Blüten. Ihre samtig-zarten Blüten besitzen eine dunkelviolette Färbung. Die scheibenförmigen Früchte erinnern an Käselaibe und wurden früher von Kindern als „Käsle" verspeist.

Malva sylvestris

**Anwendung und Wirkung:** Malve wirkt reizlindernd und entzündungshemmend, entsprechend genutzt als Tee oder zum Gurgeln bei Entzündungen in Mund und Rachen und bei Reizhusten. Die wunderschön färbenden Blüten werden zur Dekoration von Gerichten oder für Teemischungen verwendet.

**Standort und Pflege:** Malve liebt sonnige Lagen, nährstoffreiche und humushaltige Böden, Verdichtungen werden nicht vertragen. Beim Pflanzen Kompost ins Pflanzloch geben. Windgeschützte Lage sinnvoll, da sturmanfällig, eventuell mit Pflöcken absichern. Anfällig gegen Pilzkrankheiten (Malvenrost, Blattfleckenkrankheit) und Blattfraß durch Erdflöhe.

**Ernte und Trocknung:** Ernte ab Blühbeginn im Juni, tägliches Pflücken der Blüten mit Kelch, vorzugsweise nachmittags. Schonend getrocknete Blüten nehmen dunkelblaue Färbung an. Auch gesunde Blätter können genutzt werden, sie besitzen etwas schwächere Heilwirkung.

**Vermehrung:** Vorkultur in Saatschalen ab März oder Direktsaat im Freien ab April (Dunkelkeimer). Samen eventuell vorquellen lassen.

**Heilkräftige Verwandte:**

» Stockrose (*Alcea rosea*), zweijähriges Malvengewächs, bis zu 2 m hoch, schöne große Blüten, verschiedene Sorten mit unterschiedlichen Farben, zum Beispiel die Schwarze Stockrose mit purpurschwarzen Blüten.

» Eibisch (*Althaea officinalis*), mehrjährig, winterhart, mit samtig behaarten Blättern und zahlreichen weißen Blüten, besonders heilkräftig sind die fleischigen Wurzeln.

Mentha × piperita

**Anwendung und Wirkung:** Pfefferminze wirkt appetitanregend, verdauungsfördernd und krampflösend, wird häufig bei Beschwerden im Magen- Darmbereich und bei Übelkeit verordnet.

**Standort und Pflege:** Wärmeliebend, mag nährstoffreiche Böden mit einer guten Feuchtigkeitsversorgung. Trockene und staunasse Standorte sind nicht geeignet. Bei Austrieb und nach dem ersten Schnitt erfolgt Düngung mit etwas Kompost oder Brennnesseljauche. Einige Sorten sind anfällig gegen Minzenrost, erkennbar an rostroten Pusteln auf den Blättern; Fraßschäden durch Minzblattkäfer möglich.

**Ernte und Trocknung:** Ernte bei Blühbeginn ab Mitte Juli, dann hat sie die meisten Wirkstoffe, ideale Tageszeit ist mittags. Zweiter Ernteschnitt Mitte September möglich.

**Vermehrung:** Nur wild wachsende Minze-Arten können durch Samen vermehrt werden (Lichtkeimer!). Edel-Minzen sind meist steril; deshalb Kauf von Jungpflanzen oder vegetative Vermehrung mit Wurzelausläufern. Unterirdische Ausläufer im Herbst ausgraben, in 15 cm lange Stücke zerteilen und in 5–10 cm tiefe Furchen legen. Auch Stecklingsvermehrung möglich. Nach zwei bis drei Jahren werden alte Beete geräumt und neue angelegt.

**Heilkräftige Verwandte:** Große Sortenvielfalt der Pfefferminze; empfehlenswert sind ‘Mitcham’, ‘Multimentha’ und ‘Mentola’. Zudem viele Varietäten und Sorten mit unterschiedlichsten Düften, da Minzen untereinander sehr kreuzungsfreudig sind, z. B. Orangen-, Bergamotte- oder Apfel-Minze, alle mentholfrei.

# Pfefferminze

Die mehrjährige Echte Pfefferminze ist eine Zufallskreuzung aus der wild wachsenden Wasser-Minze (Mentha aquatica) und der Spearmint-Minze (Mentha spicata). Das besondere Erkennungszeichen der Pfefferminze ist der hohe Mentholgehalt, der die kühlende, erfrischende Wirkung hervorruft. Im Mittelalter war ein Elternteil der Pfefferminze sehr geschätzt, die Spearmint-Minze. Sie ist heute vor allem in arabischen Ländern als Marokkanische Minze beliebt.

# Ringelblume

Der einjährige Korbblütler ist eine bekannte Zierpflanze der Bauerngärten. Die orange- oder gelbblühende Ringelblume wird bis 60 cm hoch und erfreut uns monatelang mit ungebrochener Blühkraft. Die Ringelblume ist eine Gartenpflanze, von der keine Wildform mehr existiert; sie wurde vermutlich schon in der Antike aus einer südeuropäischen Ringelblumenart gezüchtet. Sie galt früher als Sinnbild der Liebe und wurde deshalb gerne für Liebeszauber eingesetzt.

Calendula officinalis

**Anwendung und Wirkung:** Ringelblume ist wundheilend, entzündungshemmend und granulationsfördernd, deshalb vor allem äußerliche Anwendung als Tinktur oder Salbe bei schlecht heilenden Wunden. Innerlich bei Magen-, Darm- und Gallebeschwerden. Verschönert als Schmuckpflanze Teemischungen.

**Standort und Pflege:** Sonniger Standort mit ausreichender Bodenfeuchtigkeit. Sehr anspruchslos und pflegeleicht, benötigt wenig Düngung. Phospor (z. B. Holzasche) erhöht Blütenreichtum. Im Sommer sehr anfällig für Mehltau, vorbeugende Spritzungen mit Schachtelhalm schon vor der Blüte. Gute Mischkulturpflanze, vertreibt Nematoden.

**Ernte und Trocknung:** Nach Blühbeginn zweimal wöchentlich mittags ganze Blütenköpfe pflücken, regelmäßige Ernte fördert Blütenbildung. Klebriger Pflanzensaft, Handschuhe sind hilfreich. Trocknet nur langsam, schnelle künstliche Trocknung verbessert Farbqualität, unbedingt luftdicht lagern.

**Vermehrung:** Direktsaat im Herbst (winterhart) oder im Frühjahr ab April (Dunkelkeimer), dichter Stand erhöht Blühfreudigkeit. Orange blühende Sorten bevorzugen, sie enthalten mehr Carotinoide. Bewährte Sorten sind z. B. 'Erfurter Orangefarbige', 'Orangekugel'.

**Heilkräftige Verwandte:** Die Acker-Ringelblume (*C. arvensis*) stammt aus dem Mittelmeerraum, kleine gelbe Blütchen, gleiche Heilwirkung.

# Rosmarin

Der mehrjährige Strauch kann bis zu 1,50 m hoch werden. Ursprünglich in Südeuropa heimisch, wurde er im 8. Jahrhundert von den Benediktinermönchen nach Mitteleuropa gebracht. Im Mittelalter spielte Rosmarin eine große Rolle als Schutzpflanze. Er war wichtiger Begleiter bei den Übergangsstufen des menschlichen Lebens: Geburt, Hochzeit und Beerdigung.

*Salvia rosmarinus*

**Anwendung und Wirkung:** Rosmarin wirkt verdauungsfördernd, krampflösend und appetitanregend. Er regt den Kreislauf an, deshalb hilfreich bei Erschöpfungszuständen und niedrigem Blutdruck. Äußerlich als Einreibung (Tinktur) oder Badezusatz, anregend und durchblutungsfördernd. Beliebtes aromastarkes Küchengewürz, nur sparsam verwenden!

**Standort und Pflege:** Volle Sonne und durchlässiger, leichter Boden ohne Staunässe, kalkliebend. Im Frühjahr sparsam mit Kompost düngen. Bedingt winterhart, kann nur im Weinbauklima draußen bleiben. Ab Ende August nicht mehr schneiden, sonst verliert er an Winterhärte. Winterschutz unbedingt nötig, vor allem im Wurzelbereich, damit dieser nicht durchfriert. Fürs Freiland geeignete Rosmarin-Sorten bevorzugen, dann bis –20 °C winterfest: 'Arp' blüht hellblau, 'Salem' blüht blau mit kräftigem Aroma, 'Veitshöchheim' blüht dunkelblau, hat dunkelgrünes Laub. In kalten Gegenden den Rosmarin im Herbst ausgraben oder ganzjährig in Kübeln halten. Überwinterung in hellen, kühlen Räumen (10–12 °C).

**Ernte und Trocknung:** Geerntet werden nicht verholzte Triebspitzen, erster Ernteschnitt ab Mai, zweiter Schnitt im August, beste Tageszeit mittags. Zweige als Ganzes im Schatten trocknen und erst bei Bedarf zerkleinern.

**Vermehrung:** Aussaat in Vorkultur (Lichtkeimer), keimt langsam und unregelmäßig, Stecklinge im Sommer, aber erst im Folgejahr ins Freie auspflanzen. Je älter die Pflanze, desto frosthärter.

# Salbei

Der mehrjährige Salbei ist in der Mittelmeerflora zuhause. Der 50–70 cm hohe Strauch hat durch die zahlreichen violetten Lippenblüten einen hohen Zierwert. Bei den Griechen und Römern der Antike gehörte er zu den besonders geschätzten Heilpflanzen. Die Benediktiner brachten ihn über die Alpen und verbreiteten ihn durch ihre Klostergärten.

Salvia officinalis

**Anwendung und Wirkung:** Salbei wirkt appetitanregend, entzündungshemmend, antibakteriell und zusammenziehend, sehr beliebt zum Gurgeln bei Entzündungen in Mund und Rachen. Innerlich eingenommen als Tee oder Tinktur hat er schweißhemmende Wirkung. Beliebtes kräftiges Küchengewürz.

**Standort und Pflege:** Sonnige, warme Plätze und nährstoffarme, durchlässige Böden. Bevorzugt trockene Standorte, keine Staunässe. Kaum Düngung, aber gute Kalkversorgung. Winterhart, benötigt nur in rauen Lagen Winterschutz. Sehr robust gegen Krankheiten, gelegentlich Mehltau und Blattläuse.

**Ernte und Trocknung:** Ab dem zweiten Jahr zwei Ernten möglich, erster Schnitt bei Blühbeginn (Anfang Juni), zweiter Schnitt Ende August. Später nicht mehr schneiden, um Winterhärte nicht herabzusetzen. Beste Tageszeit mittags, da hoher Ölgehalt. Trocknet langsam, künstliche Trocknung sinnvoll.

**Vermehrung:** Aussaat in Vorkultur (Dunkelkeimer), sehr langsame Entwicklung. Stecklingsvermehrung im Sommer, erst im Folgejahr auspflanzen.

**Heilkräftige Verwandte:**

» Griechischer Salbei (*S. triloba*) mit fruchtigem, eukalyptusartigem Duft, nur im Weinbauklima winterhart.
» Muskateller Salbei (*S. sclarea*), zweijährig, mit prächtigen, intensiv duftenden Blütenständen, winterhart.
» Frucht-Salbei (*S. dorsiana*) aus Honduras, große Blätter duften nach Guaven, rosa Blüten im Winter, frostempfindlich.
» Ananas-Salbei (*S. rutilans*) aus Mexiko, Ananasduft, schöne rote Blüten im Spätherbst bis Winter, frostempfindliche Kübelpflanze.

Achillea millefolium

**Anwendung und Wirkung:** Schafgarbe ist krampflösend, entzündungshemmend, wundheilend und besitzt eine menstruationsregulierende Wirkung, wird deshalb gerne in der Frauenheilkunde eingesetzt (Tee, Tinktur, Sitzbad). Aufgrund der enthaltenen Bitterstoffe auch bei Verdauungsbeschwerden hilfreich.

**Standort und Pflege:** Sonniger, nicht allzu feuchter Standort. Sehr wenig Düngung, freut sich über Kalkdüngung. Kalk blockiert zudem die Anreicherung von Cadmium. Sehr pflegeleicht und robust, kennt kaum Krankheiten und Schädlinge. Fördert als Mischkulturpflanze die Gesundheit ihrer Nachbarn.

**Ernte und Trocknung:** Geerntet wird das voll erblühte Kraut im Juli, am besten um die Mittagszeit. Man schneidet die oberen 20 cm des Blühhorizontes, eventuell noch zweite Ernte im Oktober möglich. Als Ganzes im Schatten trocknen und erst bei Bedarf zerkleinern.

**Vermehrung:** Vorkultur in Saatschalen ab März (Lichtkeimer!), lange Keimdauer, Direktsaat nicht sinnvoll. Schafgarbe kann auch durch Wurzelteilung oder Stecklinge vermehrt werden.

**Heilkräftige Verwandte:** Gelbe und rote Zierformen sind für Heilzwecke nicht geeignet.

- Muskatkraut (*A. decolorans*), mehrjährig und winterhart, als Küchenkraut nutzbar mit feinwürziger Muskatnote. Benötigt halbschattigen Platz mit guter Feuchtigkeitsversorgung.

# Schafgarbe

Schafgarbe ist eine mehrjährige, winterharte Staude. Mit ihren weißen, bis 80 cm hohen Blütenständen und ihren fein gefiederten Blättchen besitzt sie durchaus Zierwert. Seit der Antike ist sie eine geschätzte Heilpflanze. Die alten Namen „Blutstillkraut“ und „Soldatenkraut“ weisen darauf hin, dass die blutstillende Pflanze häufig bei Kriegsverletzungen Anwendung fand.

# Purpur-Sonnenhut

Der Purpur-Sonnenhut ist eine attraktive Blütenstaude mit purpurfarbenen Korbblüten. Die mehrjährige, winterharte Pflanze mit dem stacheligen „Igelkopf" wird bis zu 1 m groß. Die Ureinwohner Amerikas zerstampften die Wurzeln zu Brei und nutzten ihn als Wundauflage.

Echinacea purpurea

**Anwendung und Wirkung:** Purpur-Sonnenhut steigert die körpereigenen Abwehrkräfte, wird vor allem zur Unterstützung bei grippeartigen Infekten eingesetzt, äußerlich zur Wundbehandlung. Am besten werden die Wirkstoffe in Alkohol stabilisiert (Frischpflanzen-Tinktur).

**Standort und Pflege:** Sonniger Standort und nährstoffreicher mittlerer Boden, Kompostdüngung im Frühjahr. Purpur-Sonnenhut ist sehr pflegeleicht und robust, kennt kaum Krankheiten und Schädlinge. Er mag keine Trockenheit, weshalb er regelmäßig mit Feuchtigkeit versorgt wird.

**Ernte und Trocknung:** Ernte des blühenden Krautes im Sommer (Juli), Schnitthöhe zwei Handbreit über Bodenniveau. Optimaler Zeitpunkt, wenn der Hauptblütenstand voll erblüht ist: Blütenboden ist nach oben gewölbt, Strahlenblüten zeigen nach unten. Nur frisches Kraut verarbeiten, denn bei der Trocknung gehen wichtige Wirkstoffe verloren. Auch die im Herbst geernteten Wurzeln sind wirksam, Wurzelernte erst im dritten Standjahr sinnvoll.

**Vermehrung:** Vorkultur in Saatkisten oder Direktsaat ab April, wegen der schlechten Keimfähigkeit Samen vorquellen. Vermehrung alter Bestände durch Wurzelstockteilung im Frühjahr oder Herbst.

**Heilkräftige Verwandte:**

- Schmalblättriger Sonnenhut (*E. angustifolia*)
- Blassfarbener Sonnenhut (*E. pallida*)

Beide sind im Gegensatz zum Purpur-Sonnenhut schwieriger zu kultivieren, besitzen aber ähnliche Heilwirkung.

Plantago lanceolata

**Anwendung und Wirkung:** Spitzwegerich wirkt reizlindernd, schleimlösend und entzündungshemmend, eingesetzt als Tee oder als Sirup. Außerdem besitzt er antibakterielle Wirkstoffe. Den Saft nutzt man als Erste Hilfe gegen juckende Insektenstiche und Quaddeln der Brennnessel. Junge Blätter sind auch als Salat oder Gemüse verwendbar.

**Standort und Pflege:** Sonniger, warmer Standort. Robust und pflegeleicht, kommt fast mit jedem Boden zurecht, bevorzugt aber leicht saure Böden (pH-Wert 6) mit ausreichendem Nährstoffgehalt, nach jedem Schnitt eine Kompostgabe. Eine gute Feuchtigkeitsversorgung ist sinnvoll, Staunässe wird nicht vertragen. Schädlinge und Krankheiten treten recht selten auf.

**Ernte und Trocknung:** Erntebeginn ab Mai, wenn der Blütenstand erscheint; zwei bis drei Schnitte jährlich sind möglich. Wegen der bodennahen Blätter auf Verschmutzungen achten. Damit Neuaustrieb gewährleistet ist, nicht zu tief schneiden. Die Blätter werden vorsichtig ohne Druck geschnitten, damit sie sich beim Trocknen nicht schwarz verfärben. Rasche künstliche Trocknung wirkt dem ebenfalls entgegen.

**Vermehrung:** Spitzwegerich wird durch Direktsaat im zeitigen Frühjahr vermehrt. Weit verbreitete Wiesenpflanze, Saatgut von diesen Wildpflanzen kann genutzt werden.

**Heilkräftige Verwandte:**

» Breitwegerich (*P. major*), verträgt auch schwerere Böden und Feuchtigkeit, ähnliche, aber etwas schwächere Heilwirkung.

# Spitzwegerich

Der mehrjährige und winterharte Spitzwegerich ist eine häufig anzutreffende heimische Heilpflanze. Er zählt aufgrund einer gelungenen Kombination an Heilstoffen zu den besten Hustenpflanzen. Früher nutzte man ihn vor allem als Wundpflanze. Dem Saft der Blätter traute man zu, dass er Wunden „zusammennäht“.

# Thymian

Thymian ist eine mehrjährige Pflanze aus den Mittelmeerländern. Der kleine, verholzende Halbstrauch wird etwa 40 cm hoch. Er galt im alten Griechenland als anregendes Räuchermittel und die Römer glaubten, nach einem Thymianbad mutiger zu sein. Im alten Ägypten wurde Thymian wegen seiner desinfizierenden Wirkung zum Einbalsamieren der Toten verwendet.

Thymus vulgaris

**Anwendung und Wirkung:** Thymian wirkt antibiotisch, schleimlösend, verdauungsfördernd und krampflösend, hilfreich bei Erkältungen, Bronchitis und Verdauungsproblemen. Thymian ist ein kräftiges Küchengewürz.

**Standort und Pflege:** Warmer, vollsonniger Standort. Sehr anspruchslos, benötigt kaum Düngung und verträgt Trockenheit. Für eine Kalkung ist er sehr dankbar. Möglichst durchlässiger Boden, denn Staunässe verkürzt die Lebensdauer. In stark frostgefährdeten Lagen Winterschutz nötig. Krankheiten sind relativ selten, manche „Feinschmecker-Schnecken" lieben ihn.

**Ernte und Trocknung:** Ernte bei Blühbeginn Ende Juni, wenn sich die ersten Lippenblütchen öffnen, beste Tageszeit mittags. Zweite Ernte ist Ende August möglich. Später nicht mehr ernten, um die Winterhärte nicht zu beeinträchtigen. Die Triebspitzen (10 cm) werden als Ganzes getrocknet und erst bei Bedarf zerkleinert.

**Vermehrung:** Vermehrung durch Vorkultur in Schalen ab März oder durch Stecklinge. Der Lichtkeimer wird nicht mit Erde bedeckt. Empfehlenswerte widerstandsfähige Sorte ist 'Deutscher Winter'.

**Heilkräftige Verwandte:** Die folgenden Thymian-Arten sind winterhart und besitzen die gleichen Nährstoff- und Standortansprüche wie der Echte Thymian.

- Der heimische Quendel (*T. pulegioides*) ist in der Heilwirkung milder. Er wächst kriechend und bildet schöne Polster. Bevorzugt jedoch saure Böden.
- Zitronen-Thymian (*T. × citriodorus*) besticht durch kräftigen Zitronenduft, gute Teepflanze.
- Orangen-Thymian (*T. fragrantissimus*) eignet sich für fruchtig schmeckenden Erfrischungstee.

# Wermut

Der mehrjährige, bis 1,5 m hohe Wermut stammt ursprünglich aus Südeuropa und kam erst mit den Benediktinermönchen über die Alpen. Daraufhin verbreitete er sich recht schnell in den Kloster- und Bauerngärten. Ab dem 9. Jahrhundert taucht er in allen wichtigen Kräuterbüchern auf und wird bei einer Vielzahl von Beschwerden eingesetzt. Wermut gehört zu den bittersten Pflanzen der europäischen Heilkunde. Berühmtheit erlangte er in einem hochprozentigen Getränk namens Absinth.

Artemisia absinthium

**Anwendung und Wirkung:** Das sehr bitter schmeckende Kraut wirkt appetitanregend, verdauungsfördernd, krampflösend und gallenflussfördernd. Es wird nicht nur in der Medizin, sondern auch zum Aromatisieren von alkoholischen Getränken verwendet (Wermutwein, Likör)

**Standort und Pflege:** Sonnige und eher trockenen Standorte. Mittlerer Nährstoffbedarf und kalkhaltige Böden. Sehr anfällig für Läusebefall, winterhart. Da er das Wachstum von Nachbarpflanzen beinträchtigen kann, bekommt er einen Einzelstandort.

**Ernte und Trocknung:** Erntezeit im Sommer während der Blüte, nachmittags. Blätter und blühende Zweigspitzen frisch verarbeiten (z. B. Tinktur) oder im Schatten trocknen.

**Vermehrung:** Aussaat unter Glas ab März oder im Freien ab Mitte April. Lichtkeimer! Im Sommer Stecklingsvermehrung möglich.

**Heilkräftige Verwandte:**

» Beifuß (*A. vulgaris*), heimische Wildpflanze mit wesentlich geringerem Bitterwert, früher auch als Küchengewürz für fette Speisen genutzt, da verdauungsfördernd.
» Estragon (*A. dracunculus*), vor allem in der französischen Küche ein beliebtes Gewürz.
» Einjähriger Beifuß (*A. annua*), Heilpflanze aus China mit starker antiviraler Wirksamkeit.

# Zitronenmelisse

Der mehrjährige Lippenblütler kommt ursprünglich aus dem Mittelmeerraum und wird 60–80 cm hoch. Das für den schönen zitronenartigen Duft verantwortliche ätherische Öl ist sehr wertvoll, es wird deshalb wird gerne verfälscht mit ähnlich duftenden, aber preiswerteren Ölen aus asiatischen Gräsern (Citronella, Lemongras).

Melissa officinalis

**Anwendung und Wirkung:** Zitronenmelisse ist verdauungsfördernd, blähungstreibend und krampflösend, sie wird gerne bei Magen- und Darmbeschwerden eingesetzt. Aufgrund der beruhigenden Wirkung hilfreich bei Stress und nervös bedingten Einschlafstörungen. Bestandteil von Teemischungen und Entspannungsbädern.

**Standort und Pflege:** Sonnige Plätze, nährstoffreiche Böden mit guter Feuchtigkeitsversorgung, aber ohne Staunässe. Kalkliebend, bei niedrigem pH-Wert muss gekalkt werden. Winterhart, aber junge Pflanzen im Winter mit Stroh schützen. Verjüngung durch Wurzelteilung nach drei bis vier Jahren, denn alte Pflanzen verlieren ihr Aroma. Anfällig gegen Blattfleckenkrankheiten, vorbeugende Spritzungen mit Schachtelhalm.

**Ernte und Trocknung:** Erster Ernteschnitt unbedingt vor der Blüte ab Anfang Juni, mit Blühbeginn verliert sie ihr Aroma. Optimale Tageszeit mittags, Schnitthöhe 10 cm über dem Boden. Zweiter Schnitt im September möglich. Blätter vorsichtig abstreifen, denn sie sind sehr druckempfindlich, was zu schwarzen Verfärbungen bei der Trocknung führt.

**Vermehrung:** Vorkultur ab März in Saatkisten (Lichtkeimer!). Stecklinge im Sommer oder Wurzelstockteilung im Herbst oder Frühjahr. Gute Sorte mit hohem Ölgehalt ist 'Citronella'. Sorten mit dekorativen Blattfärbungen ('Aurea', 'Variegata') sind nicht für Heilzwecke geeignet.

**Heilkräftige Verwandte:**

» Kreta-Melisse (*M. officinalis* subsp. *altissima*) ist eine seltene Unterart, robust und winterhart, gute Teepflanze mit Orangenduft, der sich aber erst beim zweiten Ernteschnitt im Sommer entfaltet.

Aloysia citriodora

**Anwendung und Wirkung:** Zitronenverbene wirkt verdauungsfördernd, krampflösend und beruhigend, wird gerne bei Verdauungsbeschwerden eingesetzt. Dank des Zitronenduftes vorzüglicher Erfrischungstee und duftende Zugabe zu Potpourries.

**Standort und Pflege:** Sonniger, warmer Standort und durchlässiger, nährstoffreicher Boden. Regelmäßig gießen, Staunässe wird nicht vertragen. Bedingt winterhart, kann im Weinbauklima mit Winterschutz draußen bleiben, dazu im Herbst auf drei Handbreit über dem Boden zurückschneiden und gut mit Stroh einpacken. Im Frühjahr Stroh entfernen, Pflanze treibt meist erst im Mai/Juni aus. Ansonsten Kübelpflanze, die im Haus überwintert, möglichst kühl. Als Kübelpflanze anfällig gegen Weiße Fliege.

**Ernte und Trocknung:** Ernte vor der Blüte im Sommer (Juli). Zweiter Ernteschnitt im September. Blätter von den Stängeln streifen, im Schatten trocknen.

**Vermehrung:** Saatgut selten erhältlich (Lichtkeimer), Vermehrung durch Stecklinge im Frühsommer, erst im Folgejahr auspflanzen.

**Heilkräftige Verwandte:**

- Argentinische Minzverbene (*Lippia scaberrima*), bis 2 m hohe Kübelpflanze mit minzigem Eukalyptusduft, kräftige wuchsfreudige Teepflanze. Überwinterung im Haus.
- Anisverbene (*Lippia alba*) ist ein bis zu 2 m hoher Strauch aus Südamerika. Frostempfindlich, als Kübelpflanze kultivierbar, große, nach Anis duftende Blätter, gute Teepflanze.

# Zitronenverbene

Die Zitronenverbene stammt ursprünglich aus Südamerika und wurde von den spanischen Eroberern nach Europa gebracht. Ihr ätherisches Öl war sehr begehrt bei der Parfüm- und Seifenherstellung. Die Blätter des bis zu 2 m hohen Strauches besitzen ein intensives, frisches Zitronenaroma. In Frankreich ist der Tee als „Verveine" sehr beliebt.

# SERVICE

Zum Abschluss möchte ich Ihnen gern noch ein paar Tipps geben und Rezepte verraten, wie Sie Ihre Pflanzen ohne den Einsatz von chemischen Mitteln gesund halten. Ich habe damit sehr gute Erfahrungen gemacht. Außerdem habe ich einige Bezugsquellen für Saatgut, Gewürz- und Heilpflanzen und Zubehör zusammengestellt. Viel Freude in Ihrem Heilpflanzengarten!

# Erste Hilfe für Ihre Pflanzen

## Rezepte für pflanzliche Spritzmittel

| Kraut | Herstellung | Wirkung |
|---|---|---|
| Ackerschachtelhalm-Brühe (aus den Sommertrieben) | 1 kg frisch oder 150–200 g getrocknet auf 10 l Wasser (Abkochung), 1:5 verdünnt spritzen | vorbeugend gegen Pilzkrankheiten, Saatbeize, bodenheilend |
| Basilikum-Tee (blühendes Kraut) | 150 g frisch oder 30 g getrocknet auf 10 l (Aufguss), unverdünnt spritzen | gegen Blattläuse |
| Beinwell-Jauche (aus den Blättern) | 1 kg frisch oder 150–200 g getrocknet in 10 l Wasser vergären, 1:10 verdünnen | düngend, kräftigend, rottefördernd |
| Brennnessel-Jauche (aus dem Kraut der Großen oder Kleinen Brennnessel) | 1 kg frisch oder 200 g getrocknet in 10 l Wasser vergären, 1:10 verdünnen | düngend, kräftigend, rottefördernd |
| Brennnessel-Kaltauszug (frisches Kraut) | 1 kg frisches Kraut in 10 l Wasser 12–24 Stunden ansetzen, unverdünnt spritzen | gegen Blattläuse |
| Brennnessel-Tee (Kraut) | 150 g frisch oder 30 g getrocknet auf 10 l (Aufguss), unverdünnt spritzen | kräftigend, fördert die Ölproduktion von Aromapflanzen |
| Birken-Jauche (Blätter) | 1 kg frisch oder 200 g getrocknet in 10 l Wasser vergären, 1:10 verdünnen | vorbeugend gegen Pilzkrankheiten |
| Eichenblätter-Jauche (im Sommer gesammelte Blätter) | 1 kg frische Blätter in 10 l Wasser vergären, 1:10 verdünnen | gegen alle fressenden und saugenden Insekten |
| Farnkraut-Jauche (Blattwedel von Wurm- und Adlerfarn) | 1 kg frisch oder 150-200 g getrocknet in 10 l Wasser vergären, 1:10 verdünnen | gegen Läuse |
| Holunder-Jauche (Blätter) | 1 kg frisch oder 200 g getrocknet in 10 l Wasser vergären, unverdünnt spritzen | gegen Wühlmäuse (in die Gänge gießen) |
| Kamillen-Tee (Blüten) | 150 g frisch oder 30 g getrocknet auf 10 l (Aufguss), unverdünnt spritzen | Saatbeize, zur Pflanzenstärkung, wachstumsfördernd, rottefördernd |
| Kapuzinerkresse-Tee (frische Blätter) | 100 g frisches Kraut auf 10 l (Aufguss), unverdünnt spritzen | gegen Pilzkrankheiten und Läuse |
| Knoblauch- oder Bärlauch-Tee (Knolle) | 100 g auf 10 l Wasser (Aufguss), 1 Stunde ziehen lassen, unverdünnt spritzen | gegen Pilzerkrankungen, stimuliert die Ölproduktion, Saatbeize |
| Lavendel-Tee (Blüten) | 150 g frisch oder 30 g getrocknet auf 10 l (Aufguss), unverdünnt spritzen | gegen Pilzerkrankungen und zur Steigerung der Ölproduktion (ätherische Öle) |
| Löwenzahn-Jauche (Blätter und Blüten) | 1 kg frisch oder 150–200 g getrocknet in 10 l Wasser vergären, 1:10 verdünnen | wachstumsfördernd, rottefördernd |

| Kraut | Herstellung | Wirkung |
|---|---|---|
| Meerrettich-Tee (frische Blätter und Wurzeln) | 300 g auf 10 l Wasser (Aufguss) unverdünnt spritzen | gegen Pilzkrankheiten |
| Neemsaat-Kaltauszug (Samen des Neembaumes, gemahlen) | 400-500 g auf 10 l Wasser, 12 Stunden ausziehen, unverdünnt spritzen | gegen alle Insekten, schädigt auch Nützlinge! |
| Pfefferminz-Tee (Blätter) | 150 g frisch oder 30 g getrocknet auf 10 l (Aufguss), unverdünnt spritzen | Schutz vor Raupen, irritiert Schmetterlinge, gegen Ameisen |
| Oregano-Tee (Blätter und Blüten) | 25 g getrocknet auf 5 l (Aufguss), unverdünnt spritzen | gegen Läuse |
| Quassia-Brühe (Holz) | 150 g auf 3 l Wasser (Abkochung), mit 10 l Wasser und 250 g Schmierseife verdünnen | gegen Blattläuse und andere Insekten, schädigt auch Nützlinge! |
| Rainfarn-Brühe (blühendes Kraut) | 300 g frisch oder 30 g getrocknet auf 10 l Wasser (Abkochung), 1:2 verdünnen | gegen Ameisen, Läuse und andere Insekten |
| Rhabarberblätter-Brühe (frische Blätter) | 500 g frische Blätter auf 3 l Wasser (Abkochung), unverdünnt spritzen | gegen Läuse |
| Ringelblumen-Jauche (Blüten) | 1 kg frisch oder 200 g getrocknet in 10 l Wasser vergären, 1:10 verdünnen | düngend, kräftigend |
| Salbei-Tee (Blätter) | 150 g frisch oder 30 g getrocknet auf 10 l (Aufguss), unverdünnt spritzen | irritiert Schmetterlinge (Raupen), gegen Pilzkrankheiten |
| Schafgarben-Tee (blühendes Kraut) | 150 g frisch oder 30 g getrocknet auf 10 l (Aufguss), unverdünnt spritzen | vorbeugend gegen Pilzkrankheiten, wachstumsfördernd, rottefördernd |
| Thymian-Tee (Blätter oder blühendes Kraut) | 150 g frisch oder 30 g getrocknet auf 10 l (Aufguss), unverdünnt spritzen | abwehrstärkend, irritiert Schmetterlinge (Raupen), Viruserkrankungen, Pilzerkrankungen |
| Tomatenblätter-Kaltauszug (frische Blätter) | 150 g auf 2 l Wasser, 12 Stunden ausziehen, unverdünnt spritzen | gegen Kohlweißlinge |
| Wermut-Tee (blühendes Kraut) | 150 g frisch oder 30 g getrocknet auf 10 l Wasser (Aufguss), 1:2 verdünnen | gegen Ameisen, Erdflöhe und Blattläuse, gegen Säulenrost bei der Johannisbeere |
| Zwiebel-Tee (Knolle) | 80 g auf 10 l Wasser (Aufguss) unverdünnt spritzen | gegen Pilzerkrankungen, wehrt Möhrenfliegen ab |
| Zwiebel-Jauche (Knolle) | 500 g in 10 l Wasser vergären, 1:10 verdünnen | gegen Pilzkrankheiten, rottefördernd |
| Aromaspritzung (ätherische Öle) | 5–10 Tropfen ätherisches Öl auf 10 l Kamillentee, unverdünnt spritzen | erhöht Widerstandskraft, Blühfreudigkeit und Aromabildung |
| Fettarme Milch | 1:4 mit Wasser verdünnt | gegen Pilzkrankheiten und Läuse |
| Schmierseife oder Kaliseife | 20-25 g auf 1 l Wasser | gegen Läuse |

# Jedem seinen gebührenden Platz

## Bitte Abstand halten

Hier finden Sie Empfehlungen, wie dicht Sie die verschiedenen Arten pflanzen sollten. Die erste Zahl gibt den Reihenabstand an, die zweite Zahl den Abstand der Pflanzen innerhalb der Reihe.

Alant: 60 × 30 cm
Andorn: 40 × 30 cm
Anis: 25 × 10 cm
Anis-Ysop: 35 x 30 cm
Arnika: 30 × 30 cm
Baldrian: 40 × 25 cm
Basilikum: 25 × 20 cm
Beifuß: 40 × 30 cm
Beinwell: 40 × 40 cm
Bohnenkraut: 25 × 20 cm
Berg-Bohnenkraut: 30 × 25 cm
Borretsch: 40 × 30 cm
Bibernelle: 40 × 20 cm
Dill: 25 × 20 cm
Dost (Oregano): 35 × 30 cm
Drachenkopf: 30 × 20 cm
Eberraute: 40 × 35 cm
Eibisch: 50 × 40 cm
Engelwurz: 50 × 50 cm
Enzian: 60 × 30 cm
Estragon: 40 × 30 cm
Fenchel: 45 × 40 cm
Frauenmantel: 35 × 30 cm
Goldrute: 40 × 30 cm
Indianernessel: 40 × 30 cm
Johanniskraut: 40 × 25 cm
Kamille: 30 × 20 cm
Katzenminze: 35 × 30 cm
Kapuzinerkresse: 30 x 25
Kerbel: 20 × 5 cm
Knoblauch 20 × 10 cm
Königskerze: 60 × 50 cm
Koriander: 25 × 15 cm
Kornblume: 30 × 15 cm
Kresse: 20 × 5 cm
Kümmel: 25 × 10 cm
Lavendel: 40 × 35 cm
Liebstöckel: 50 × 40 cm
Majoran: 25 × 15 cm
Malve: 60 × 40 cm
Mariendistel: 50 × 40 cm
Meerrettich: 60 × 25 cm
Petersilie: 25 × 15 cm
Pfefferminze: 30 x 20
Pimpinelle: 30 × 25 cm
Portulak: 20 × 15 cm
Ringelblume: 30 × 15 cm
Purpur-Sonnenhut: 40 × 30 cm
Salbei: 50 × 35 cm
Schafgarbe: 40 × 30 cm
Schnittlauch: 25 × 20 cm^
Spitzwegerich: 25 × 15 cm
Stiefmütterchen: 20 × 15 cm
Stockrose: 50 × 50 cm
Tausendgüldenkraut: 20 × 10 cm
Thymian: 30 × 20 cm
Veilchen: 20 × 15 cm
Waldmeister: 25 × 20 cm
Weinraute: 40 × 30 cm
Wermut: 50 × 40 cm
Ysop: 30 × 30 cm
Zitronenmelisse: 40 × 30 cm
Zitronenverbene: 60 × 50 cm

# Wo bekomme ich was?

## Biologische Pflanzenschutzmittel und Dünger

Neudorff
www.neudorff.de

Oscorna
www.oscorna.de

Plantura
www.plantura.garden

Snoek Naturprodukte
www.snoek-naturprodukte.de

Solabiol
www.seezon.de/brand/solabiol/

**Österreich / Schweiz**
Andermatt Biocontrol
www.biocontrol.ch

## Nützlinge

Neudorff
www.neudorff.de

Öre Bio-Protect
www.nuetzlingsberater.de

Sautter und Stepper
www.nuetzlinge.de

## Kräutersaatgut und Kräuterpflanzen

**(S) = Kräutersaatgut /**
**(P) = Kräuterpflanzen**
Artemisia Allgäuer Kräutergarten
www.artemisia.de (P)

Bingenheimer Saatgut
www.oekoseeds.de (S)

Biolandhof Jeebel
www.biogartenversand.de (S)

Bio-Saatgut Gaby Krautkrämer
www.bio-saatgut.de (S)

Blumenschule
www.blumenschule.de (P/S)

Bornträger und Schlemmer
www.blauetikett.de (S)

Christian Herb
www.bio-kraeuter.de (P/S)

Dieter Gaißmayer
www.staudengaissmayer.de (P)

Dreschflegel
www.dreschflgel-saatgut.de (S)

Hof Berggarten
www.hof-berggarten.de (S / P)

Pharmasaat
www.pharmasaat.de (S / P)

Raritätengärtnerei
www.garten-jan.de (P)

Syringa
www.syringa-samen.de (S / P)

**Österreich / Schweiz**
Arche Noah
www.arche-noah.at (S)

Pro Specie Rara
www.prospecierara.ch (S)

ReinSaat (S)
www.reinsaat.at

Sativa Rheinau
www.sativa-rheinau.ch (S / P)

## Torffreie Erden

Neudorff
www.neudorff.de

Ökohum
www.ökohum.de

Presto Humus
www.presto-humus.de

## Erntegut-Trockner (Dörrautomaten)

Keimling Naturkost
www.keimling.de

HerbERT Trockner
www.herb-ert.at

# Wo erfahre ich mehr?

Beiser, Rudi: **Öle, Cremes und Salben aus Heilpflanzen**, Eugen Ulmer Verlag, Stuttgart, 2020.
Beiser, Rudi: **Geheimnisse der Unkräuter**, Eugen Ulmer Verlag, Stuttgart, 2023.
Beiser, Rudi: **Heilpflanzen finden**, 2. akt. Auflage, Eugen Ulmer Verlag, Stuttgart, 2021.
Beiser, Rudi: **Tee aus Kräutern und Früchten**, 3. Auflage, Franckh Kosmos Verlag, Stuttgart, 2020.
Beiser, Rudi & Ell-Beiser, Helga: **Heilpflanzen-Tinkturen**, 2. akt. Auflage, Eugen Ulmer Verlag, Stuttgart, 2022.
Bergmann, Heide: **Lang lebe mein Basilikum**, Eugen Ulmer Verlag, Stuttgart, 2024.
Bross-Burkhardt, Brunhilde: **Das große Ulmer Biogartenbuch**, Eugen Ulmer Verlag, Stuttgart, 2017.
Bühring, Ursel: **Alles über Heilpflanzen**, 5. akt. und erw. Auflage, Eugen Ulmer Verlag, Stuttgart, 2020.
Grünefeld, Dettmer: **Das Mulchbuch**, pala Verlag, Darmstadt, 2008.
Jan Thorbecke Verlag: **Die Blumenuhr**, Ostfildern, 2024.
Kreuter, Marie-Luise: **Der Biogarten**, 7. Auflage, Gräfe und Unzer Verlag, 2019.
Treml, Franz-Xaver: **Kräuter aus dem Garten**, 4. Auflage, Franckh Kosmos Verlag, Stuttgart, 2018

## Der Autor

**Rudi Beiser** beschäftigt sich seit über 45 Jahren intensiv mit Heilpflanzen und essbaren Wildkräutern. Er begann schon als Jugendlicher sich für Heilkräuter zu begeistern und ist seither nicht mehr davon losgekommen. Mit großem Interesse sammelte er jahrzehntelang altes Heilpflanzen-Wissen aus Volksmedizin und Brauchtum. 20 Jahre lang betrieb er die von ihm gegründete La Luna Kräutermanufaktur, wo mit der biodynamischen Wirtschaftsweise hochwertige Tee- und Gewürzkräuter kultiviert und verarbeitet wurden. Sein reichhaltiges Wissen gibt er als Dozent und erfolgreicher Buchautor weiter.

# Bildquellen

Beck, Manuela: Seite 137.
Beiser, Rudi: Seite 11, 14, 23 oben, 23 unten, 23 2. von unten, 25 2. von oben, 27 oben, 27 2. von unten, 41, 61, 62, 66, 67, 68, 70, 77, 79, 84, 88 oben, 89 oben, 90 unten, 93, 94, 91, 96, 100, 103, 104, 106, 107, 122, 123, 124, 127, 128, 130, 134, 135, 136, 139, 141, 143, 144., 155, Klappe vorne außen.
Berger, Frank M. von: Seite 15.
Bergmann, Heide: Seite 35, 145.
Bohne, Burkhard: Seite 125.
Bühring, Ursel: Seite 25 oben, 89 unten, 140, 142.
Eising/StockFood: Seite 119.
Ell-Beiser, Helga: Seite 154.
Faßmann, Natalie: Seite 50, 113.
Flora Press: Annette Lepple: Seite 75; Visions: Seite 10.
GAP Photos: John Glover: Seite 88 Mitte; Robert Mabic: Titelbild.
Hauenstein, Heinz: Seite 21, 53.
Hecker, Frank: Seite 69 oben.
iStockphoto/Beddoe, Chris: Seite 85.
Kawollek, Wolfgang und Marco: Seite 54 links, 54 Mitte, 54 rechts.
Kowalzik, Doris: Seite 31, 105.
Laux, Hans E.: Seite 138.
Mattheus-Staack, Elke: Seite 57.
mauritius images: Seite 25 Mitte, 25 unten, 39, 40, 42, 63, 71, 76, 90 oben.
Möhrle, Bigi: Seite 2, 4 oben, 4 unten, 5 oben, 7, 11, 12, 20, 28, 30, 37, 43, 55 oben, 55 unten, 56, 58 links, 58 rechts, 59, 60, 64, 73, 74, 82, 97, 98, 101, 107 oben, 108, 109, 110, 115, 116, 117, 120, 147, 148, Klappe hinten außen.
Redeleit und Junker: Seite 13, 18, 27 unten, 33, 48, 114, 146, Klappen vorne innen.
Reinhard, Hans: Seite 5 unten, 17, 23 2. von oben, 23 Mitte, 27 2. von oben, 36, 51, 86, 88 unten, 126, 131, 133.
Reinhard, Nils: Seite 44 oben.
Schissler & Fey; www.der-augenblick.com: Seite 47, Klappe hinten innen.
Schneider, Jutta/Will, Michael: Seite 19, 32, 44 unten.
Shutterstock.com: Cuhle-Fotos: Seite 69 unten; JoannaTkaczuk: Seite 8; Kaca Skokanova: Seite 46; LifeCollectionPhotography: Seite 25 2. von unten, 45, 132; Lisa-S: Seite 75; Nazar Ohorodnyk: Seite 78; New Africa: Seite 112; Serhii Krot: Seite 81; wasanajai: Seite 16.
Staudengärtnerei Gaissmayer: Seite 129.
Zoonar/LianeM: Seite 52.

Die Zeichnungen fertigten:
Jan Thorbecke Verlag: Seite 92.
Müller, Lutz-Erich: Seite 9, 29, 83, 99, 121, 149.
Schick, Claudia: Seite 22, 24, 26.

# Wo finde ich was im Buch?

# Impressum

Die in diesem Buch enthaltenen Empfehlungen und Angaben sind vom Autor mit größter Sorgfalt zusammengestellt und geprüft worden. Eine Garantie für die Richtigkeit der Angaben kann aber nicht gegeben werden. Autor und Verlag übernehmen keine Haftung für Schäden und Unfälle. Bitte setzen Sie bei der Anwendung der in diesem Buch enthaltenen Empfehlungen Ihr persönliches Urteilsvermögen ein.
Der Verlag Eugen Ulmer ist nicht verantwortlich für die Inhalte der im Buch genannten Websites.

**Anmerkung zur Schreibweise (Gendering):** Gendergerechtigkeit und Inklusion sind bei uns gelebte Praxis – bei der Auswahl unserer Themen, bei der Recherchearbeit, in der Gestaltung. Unsere Texte meinen alle. Damit unsere Inhalte jedoch gut lesbar bleiben, verzichten wir in diesem Werk auf die jeweilige Mehrfachnennung oder Anpassung der Schreibweise bestimmter Bezeichnungen an die weibliche, männliche oder diverse Form.

**Bibliografische Information der Deutschen Nationalbibliothek**
Die Deutsche Nationalbibliothek verzeichnet diese Publikation in der Deutschen Nationalbibliografie; detaillierte bibliografische Daten sind im Internet über http://dnb.d-nb.de abrufbar.


Wollgrasweg 41, 70599 Stuttgart (Hohenheim)
E-Mail: info@ulmer.de
Internet: www.ulmer.de
Projektleitung: Saskia Hoen
Lektorat: Antje Krause, Karin Wachsmuth
Herstellung: Gabriele Wieczorek, Stephanie Haun
Umschlaggestaltung, Layout und Satz: Anette Vogt, www.redsign.de, Stuttgart
Reproduktion: time:ray, Jettingen
Druck und Bindung: Westermann Druck, Zwickau
Printed in Germany

MIX
Papier | Fördert gute Waldnutzung
FSC® C110508

**ISBN 978-3-8186-2386-9**